SHUILI SHUIDIAN SHIGONG

水利水电施工

2019 年第 1 辑

全国水利水电施工技术信息网

中国水力发电工程学会施工专业委员会　主编

中国电力建设集团有限公司

U0350647

中国水利水电出版社
www.waterpub.com.cn
·北京·

图书在版编目（ＣＩＰ）数据

水利水电施工. 2019年. 第1辑 / 全国水利水电施工
技术信息网，中国水力发电工程学会施工专业委员会，中
国电力建设集团有限公司主编. -- 北京 : 中国水利水电
出版社，2019.5
　　ISBN 978-7-5170-7924-8

　　Ⅰ. ①水… Ⅱ. ①全… ②中… ③中… Ⅲ. ①水利水
电工程－工程施工－文集 Ⅳ. ①TV5-53

中国版本图书馆CIP数据核字(2019)第177616号

书　　名	水利水电施工　2019 年第 1 辑 SHUILI SHUIDIAN SHIGONG　2019 NIAN DI 1 JI
作　　者	全国水利水电施工技术信息网 中国水力发电工程学会施工专业委员会　主编 中国电力建设集团有限公司
出版发行	中国水利水电出版社 （北京市海淀区玉渊潭南路 1 号 D 座　100038） 网址：www.waterpub.com.cn E-mail：sales@waterpub.com.cn 电话：（010）68367658（营销中心）
经　　售	北京科水图书销售中心（零售） 电话：（010）88383994、63202643、68545874 全国各地新华书店和相关出版物销售网点
排　　版	中国水利水电出版社微机排版中心
印　　刷	北京瑞斯通印务发展有限公司
规　　格	210mm×285mm　16 开本　9.25 印张　355 千字　4 插页
版　　次	2019 年 5 月第 1 版　2019 年 5 月第 1 次印刷
印　　数	0001—2500 册
定　　价	36.00 元

红枫水电站，位于贵州省清镇市，由中国电建集团贵阳勘测设计研究院有限公司（以下简称贵阳院）勘测设计

南盘江天生桥二级水电站，位于广西壮族自治区隆林县桠权镇，由贵阳院勘测设计，1995年获国家科技进步二等奖

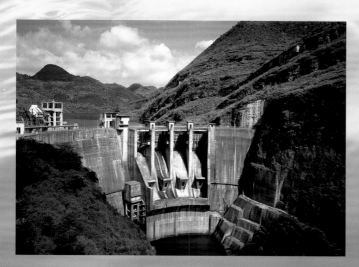

乌江普定水电站，位于贵州省普定县，由贵阳院勘测设计，1996年获国家第七届优秀工程设计金奖，1998年获国家科技进步一等奖

乌江洪家渡水电站，位于贵州省西北部黔西、织金两县交界处，由贵阳院勘测设计，2007年获国家科技进步二等奖，2008年获第八届中国土木工程詹天佑奖，2009年获优秀工程勘察设计金奖，2012年获百年百项杰出土木工程奖

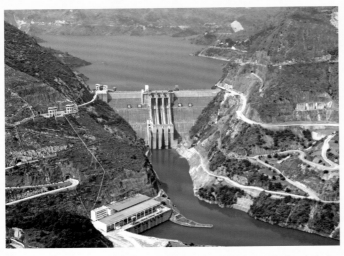

北盘江光照水电站，位于贵州省关岭、晴隆两县交界处，由贵阳院勘测设计，2012年获国际里程碑RCC工程奖，2011—2012年先后获国家优质工程金质奖、全国工程建设项目优秀设计成果一等奖、全国优秀工程设计金奖等奖项

澜沧江如美水电站，位于西藏自治区芒康县，由贵阳院勘测设计

北盘江董箐水电站，位于贵州省镇宁县与贞丰县交界处，由贵阳院勘测设计，2013年获第十三届中国土木工程詹天佑奖

岷江龙溪口航电工程，位于四川省乐山市犍为县与宜宾市宜宾县交界处，由贵阳院勘测设计

花竹山风电场，位于贵州省黔南布依族苗族自治州瓮安县，由贵阳院总承包

贵州省织金县城区水环境综合治理工程，由贵阳院总承包

江西省南昌市儒乐湖及周边生态治理工程，由贵阳院总承包

江西省南昌市水环境综合治理工程，由贵阳院总承包

马岭水利枢纽工程，位于贵州省黔西南布依族苗族自治州兴义市，由贵阳院总承包

六圭河特大桥，位于贵州省大方县，由贵阳院总承包

贵州省织金县三甲易地搬迁新城安置点工程，由贵阳院总承包

老挝南坎（Nam Khan）2 水电站，由贵阳院承担 EPC 项目勘测设计

西非多哥贝宁阿贾哈拉（Adjarala）水电站，由贵阳院承担 EPC 项目设计与咨询服务

洪都拉斯帕图卡（Patuca）3 水电站，由贵阳院承担 EPC 项目勘测设计

柬埔寨额勒赛（Stung Russei Chrum）下游水电站，由贵阳院承担工程施工全过程监理

刚果（金）布桑加（Busanga）水电站，由贵阳院承担 BOT 模式下 EPC 项目勘察设计

花溪云顶风电场，位于贵州省贵阳市，由贵阳院投资、运营和管理

龙塘山风电场，位于贵州省惠水县，由贵阳院投资、运营和管理

三塘风电场，位于贵州省织金县，由贵阳院投资、运营和管理

普屯坝风电场，位于贵州省普定县，由贵阳院投资、运营和管理

苏家屯风电场，位于贵州省晴隆县，由贵阳院投资、运营和管理

曹罗坪子风电场，位于贵州省水城县，由贵阳院投资、运营和管理

官庄水电站，位于贵州省道真县，由贵阳院投资、运营和管理

贵州省清镇市供水工程BOT项目，由贵阳院投资、运营和管理

本书封面、封底、插页照片均由中国电建集团贵阳勘测设计研究院有限公司提供

《水利水电施工》编审委员会

前　言

　　《水利水电施工》是全国水利水电施工技术信息网的网刊，是全国水利水电施工行业内刊载水利水电工程施工前沿技术、创新科技成果、科技情报资讯和工程建设管理经验的综合性技术刊物。本刊以总结水利水电工程前沿施工技术、推广应用创新科技成果、促进科技情报交流、推动中国水电施工技术和品牌走向世界为宗旨。《水利水电施工》自2008年在北京公开出版发行以来，至2018年年底，已累计编撰发行66期（其中正刊44期，增刊和专辑22期）。刊载文章精彩纷呈，不乏上乘之作，深受行业内广大工程技术人员的欢迎和有关部门的认可。

　　为进一步提高《水利水电施工》刊物的质量，增强刊物的学术性、可读性、价值性，自2017年起，对刊物进行了版式调整，由杂志型调整为丛书型。调整后的刊物继承和保留了原刊物国际流行大16开本，每辑刊载精美彩页，内文黑白印刷的原貌。

　　本书为调整后的《水利水电施工》2019年第1辑，全书共分8个栏目，分别为：特约稿件、土石方与导截流工程、地下工程、混凝土工程、地基与基础工程、试验与研究、路桥市政与火电工程、企业经营与项目管理，共刊载各类技术文章和管理文章29篇。

　　本书可供从事水利水电施工、设计以及有关建筑行业、金属结构制造行业的相关技术人员和企业管理人员学习、借鉴和参考。

编者

2019年3月

目　录

前言

地基与基础工程

试验与研究

路桥市政与火电工程

企业经营与项目管理

Contents

Foundation and Ground Engineering

Test and Research

Road & Bridge Engineering，Municipal Engineering and Thermal Power Engineering

Enterprise Operation and Project Management

水电工程防震抗震研究及设计规范

周建平/中国电力建设股份有限公司

武明鑫/水电水利规划设计总院

【摘　要】　近年来，强烈地震频发，地震区水电工程大坝的抗震安全性备受社会关注。随着我国水电工程技术的进步，同时通过对实际震损情况的调查分析，不断吸取经验教训，大坝防震抗震设计理论和方法均取得了较大发展，为建立健全水电工程防震抗震标准体系、工程措施以及应急管理等提供了重要基础。本文概述了我国水电工程震损调查的情况及获得的启示，介绍了工程防震抗震设计标准体系及其基本内容，重点论述了抗震设防标准、地震地质灾害调查、生命线工程以及应急防灾体系等规范要点。

【关键词】　水电工程　震损调查　防震抗震设计　对策措施

地震灾害偶然突发，破坏性强。继 2008 年汶川地震（8.0 级）之后，世界各地还发生了海地地震（2010 年 1 月，7.3 级）、青海玉树地震（2010 年 4 月，7.1 级）、东日本大地震（2011 年 3 月，9.0 级）、意大利北部地震（2012 年 5 月，5.9 级）、四川雅安地震（2013 年 4 月，7.0 级）、云南鲁甸地震（2014 年 8 月，6.5 级）、尼泊尔博卡拉地震（2015 年 4 月，8.1 级）、缅甸中北部地震（2016 年 4 月，7.2 级）和四川宜宾地震（2019 年 6 月，6.0 级）等破坏性地震，造成大量人员伤亡、建筑物损毁，受灾地区人民生命财产和社会经济遭受了巨大损失。

地震带给人类社会灾难的同时，也留下了研究地震危险性、震害规律以及总结工程防震抗震经验教训的宝贵信息。全面调查收集分析震害资料、科学研究震损规律、系统总结地震减灾经验，对于认识地震灾害特征，加强防震抗震科学研究，提高水电工程抗震设计、施工和运行维护管理水平，增强水电工程地震减灾能力等均具有十分重要的意义。

1　水电工程震损调查及启示

地震破坏大体分为 3 类：第一类是地震带破裂导致的错断破坏，包括跨活动断层布置的建筑物的破裂、错断，相应的地基或基础的破坏；第二类是地震波传播导致地面运动而引发的建筑物或山体的破坏；第三类是地震次生灾害，如滚石、滑坡、崩塌堆积、滑坡涌浪等地震地质灾害，还有地震引发的火灾、爆炸、有害有毒气体和液体泄漏等其他次生灾害。

在水电工程中，地震灾害表现为水工建筑物的错断、地基液化、坝肩失稳、坝坡失稳、结构开裂、坝体沉陷、库水漫坝、水淹厂房、地面设施设备损坏等。地震对建筑物的破坏的作用通常表现为复合性和多重性，在震后调查中需要通过科学分析，才能判断哪些是地震直接破坏造成的、哪些是地震间接破坏造成的。

在汶川地震水电工程震损调研中，针对震后枢纽主要建筑物、设施设备、地基及边坡、进厂上坝道路、近坝岸坡等，依据其外观形态、功能完整性和修复难易程度等指标，将其震损程度分为 5 级，即未震损、震损轻微、震损较重、震损严重以及震毁（见表 1）。在上述分项震损程度分析评价的基础上，再根据主要建筑物主体结构、重要设施设备以及重大地质灾害情况，通过综合分析确定枢纽工程震损程度。

调查分析表明，地震对水工建筑物的影响和损害表现出"三重三轻"的特点：次要及附属建筑物震损较重，大坝及其他主要建筑物震损较轻；地面建筑物震损较重，地下建筑物震损较轻；天然边坡震损较重，人工边坡震损较轻。地震对水电枢纽工程的损害同样也有"三重三轻"的特点：离震中和破裂带近的工程震损较

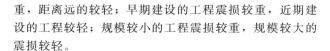

重，距离远的较轻；早期建设的工程震损较重，近期建设的工程较轻；规模较小的工程震损较重，规模较大的震损较轻。

表1   水电枢纽工程震损程度评价及分级

序号	震损等级	结构形态	运行功能	修复难易程度
1	未震损	完好	正常	直接可用
2	震损轻微	保持完好	基本正常，仅需简单维修、维护就可投入使用	短时间内即可修复使用
3	震损较重	局部震损	需限制使用条件	1年之内可修复使用
4	震损严重	损坏严重	基本丧失，但具备修复的可能	3年之内可修复使用
5	震毁	毁坏	功能完全丧失，不具备修复可能	无法修复，需要重建

汶川地震灾区24座大中型水电工程中，映秀湾、渔子溪和耿达3座枢纽工程震损较重或严重；太平驿、紫坪铺、沙牌等6座枢纽工程总体震损较轻，局部震损较重或严重；其他工程震损轻微；没有一座大中型水电工程溃坝，未造成次生洪水灾害。玉树地震灾区有小型水电站13座，地震发生后，均采取了放空水库的应急处理措施，水电工程震损没有造成次生灾害。

从以上地震灾区水电工程震损调查，并结合国内外其他水电工程震损调查情况的文献分析，可以获得以下启示：

（1）遭受过超出设防标准强震的大中型水电工程，都没有出现同震错断损毁或严重震损溃坝的情况，说明只要选址恰当、设计合理、保证施工质量和维护管理得当，水电工程大坝就具备抵御设计地震的能力。同时，这也证明我国水电工程抗震设计标准、建设管理体制基本是合适的。

（2）高山峡谷区地震的次生灾害中，地质灾害所造成的破坏最为严重。地震地质灾害对建筑物的破坏远大于地震的直接破坏，是水电工程震损严重的重要原因。所以水电工程防震设计需特别重视防治地震地质灾害，要加强地质灾害调查、研究和治理工作，适当扩大调查和治理的范围，开展必要的预警预防和综合防治。

（3）高混凝土重力坝的主要震害现象为坝体裂缝、局部混凝土破碎、坝基和岸坡裂缝以及坝体异常位移等；坝体上下游折坡位置，尤其是上部折坡点是抗震薄弱部位，强震情况下容易出现裂缝。高拱坝的主要震害现象为坝体水平裂缝、横缝张开、渗漏量增加、拱座岩体变形和局部失稳等，拱座潜在滑移块体是关键单元和抗震薄弱环节。高土石坝的主要震害现象包括坝体纵向

及横向开裂、坝体沉降、坝坡变形、坝顶防浪墙倒塌等，以及面板堆石坝的面板脱空、错动和破损。

（4）汶川地震中，应急预案缺失、应急设施缺乏、应急处置不当、应急组织失调等现象，反映了水电工程设计建设管理的薄弱环节，水电工程在地震地质灾害及其他次生灾害防范、临震应急处置、安全疏散、应急电源、应急通信以及其他应急保障措施等方面还存在诸多缺陷。因此，工程设计、建设、运行和应急管理等方面均需进一步加强防震抗震及其应急处置等基础性研究工作和技术指导，包括建立流域梯级系统的、全生命周期的、多源风险的防灾减灾防控体系。

2   水电工程防震抗震设计标准体系

除国家相关法律法规及其强制性标准外，2015年之前，我国水利水电工程地震设防所依据的行业标准仅有电力行业标准《水工建筑物抗震设计规范》（DL 5073—2000）和水利行业标准《水工建筑物抗震设计规范》（SL 203—97）。两者的相关规定是一致的，大坝抗震设防标准采用设计基准期内一定概率水准（或重现期）的地震动参数表示，采用一级设计标准设防，其性能目标对应的是，在设计地震作用下，容许水工建筑物局部损坏，经一般修复处理后仍可正常运行。

《水工建筑物抗震设计规范》（DL 5073—2000）的侧重点是水工建筑物地震安全，着重阐述水工结构地震安全评价中的地震动输入、结构地震响应和结构抗力三个相互关联的内容。规范中未涉及地震地质、地震次生灾害、生命线工程、地震抢险救灾、应急预案及应急处置、震后评价及修复等内容，也缺少对工程规划、枢纽布置、结构体型和细部构造方面的相关规定。

实践证明，合适的枢纽布置和坝型选择能起到防御和减缓震灾发生和扩大的作用；在水工结构选型上，通过使建筑结构的一般要求和抗震要求相结合，可以避免增加"额外"成本；在细部构造设计上，通过局部增强关键单元和薄弱部位的抗震强度和韧性，可以显著提高结构的整体抗震能力。从汶川地震灾区抢险救灾及灾后重建中吸取经验教训，水电工程防震抗震设计需要涉及枢纽工程各建筑物、水库库岸、交通工程、电力设施设备等各个部分，包含规避预防、工程抗震、监测预警、应急处置、抢险救灾、应急通信和电源、震后修复等多个环节，覆盖地震震动、地质灾害、洪水灾害、火灾爆炸、有害有毒气体等多源风险，树立系统性、综合性、风险性的防震抗震设计新理念。

截至2018年，全球已建、在建坝高100m以上的大坝有892座，其中200m以上、250m以上的大坝分别有77座和22座。中国是世界上大坝数量和高坝数量最多的国家，坝高100m以上的大坝有223座，200m以上的大坝有23座，250m以上的大坝有10座，分别占世界

同级别大坝数量的 25％、29.8％和45.5％。根据规划，未来还将在金沙江、怒江、雅砻江等河流上修建100m、200m及以上高坝近100座。这些工程处于地震地质条件复杂、地震烈度高的地区，高坝防震抗震安全问题突出。因此，现在迫切需要总结国内外在高坝建设科学研究、勘测设计、建设管理等方面取得的技术发展，总结震害调查的经验和启示，补充完善相应抗震设计技术标准，为未来水电工程建设提供技术支持。

在总结工程经验的基础上，水电水利规划设计总院、中国水电工程顾问集团公司联合中国水利水电科学研究院、清华大学、大连理工大学、中国地震局地球物理研究所等单位开展了"混凝土坝抗震安全评价体系研究""高土石坝抗震性能及抗震安全研究""高坝大库强震灾变的预防对策研究"等一系列攻关工作，结合大坝抗震安全复核，验证了抗震安全评价体系及其参数，为制定《水电工程防震抗震设计规范》（NB 35057—2015）（以下简称《规范》）和修订《水工建筑物抗震设计规范》（DL 5073—2000）提供了重要科研成果。

《规范》是我国首次提出的、基于全生命周期管理和地震灾害风险防控的技术指南，属于水电工程地震设防第一层级的技术规范，旨在阐明水电工程防震抗震的指导思想、基本原则和基本要求，并起到指导水工建筑物、地基及边坡、金属结构、机电设备设施、通信、对外交通、应急预案及应急管理等第二层级规范制修订的作用。

考虑强地震作用的不确定性以及震害后果的严重性，《规范》要求采取风险分析的理论和风险防控的方法和措施减轻地震灾害，力求与水电工程地质勘察、水工建筑物设计、金属结构设计、机电设施设计、安全监测设计等专业之间已有防震抗震技术要求相协调，应用中还需深入研究水电工程相关专业间的协调问题。

针对水电工程选址、场地安评、地震设防标准、枢纽布置、地基与边坡、金属结构、机电设备、通信、对外交通、地震监测和地震应急管理等方面，《规范》规定其防震抗震和风险防控设计的基本原则和要求。《规范》主要针对水工建筑物抗震设计，包括土石坝、重力坝、拱坝、水闸、水工地下结构、进水塔、水电站压力钢管和地面厂房、渡槽、升船机等，规定其抗震设计、计算和构造要求。

由此可见，《水电工程防震抗震设计规范》（NB 35057—2015）和《水电工程水工建筑物抗震设计规范》（NB 35047—2015）界限明确、各有侧重、互为补充，共同构成现阶段水电工程地震设防标准体系和基本依据。总体上，涵盖了河流规划、工程设计、施工、运行及应急管理等全生命周期，涉及规划、地质、水工、施工、机电、安全监测和运行调度各个专业，提出了基于工程经验、安全系数和可靠性的风险防控与应急处置相结合的防震抗震对策措施的相关规定。

3 水电工程防震抗震规范要点

3.1 抗震设计标准

因地震作用的不确定性和地震响应的复杂性，水电工程地震设防必须坚持"确保安全，留有裕度"原则。高坝大库一旦失事，不仅工程本身损失很大，而且可能导致流域性的严重灾害和重大社会影响。因此，高坝工程具有比一般工程更高、更严格的抗震设防要求。实践表明，《水工建筑物抗震设计规范》（DL 5073—2000）所确定的抗震设计标准总体是合适的，但也需要研究提高超高坝等甲类设防大坝的设防标准。

《规范》规定，我国乙类设防大坝采取设计地震一级设防，相应设防水准为50年超越概率10％（重现期约为500年）；甲类设防大坝（包括超高坝），采取设计地震和校核地震两级设防，设计地震设防水准为100年超越概率2％，校核地震设防水准为100年超越概率1％或最大可信地震（MCE）。设计地震情况下满足"可修复"的要求，校核地震作用下满足"不溃坝"的要求。

3.2 工程防震抗震安全复核

根据工程震损调查和恢复运行的经验，一些高坝在经受强烈地震作用后，考虑风险叠加和风险传导，坝基、坝肩或坝体结构可能已经产生局部损坏，甚至出现渗漏渗压变化，加上余震作用及其他有害因素的影响，破损范围可能进一步扩大，威胁大坝安全，因此需要开展震后大坝安全检查、抗震安全复核以及研究制定对策措施。对于早期已建的一些高坝（老坝），未进行防震抗震设计，或设计标准偏低、边界条件或计算不准确，也需要开展地震危险性、危害性的分析，抗震设计复核及工程防震抗震研究，提出补救措施。

《规范》规定，水电工程运行中，枢纽工程区如遭遇大于或等于Ⅶ度地震影响烈度的，应开展震后抗震设计复核，进行包括地震危险性和震害规律以及总结工程防震抗震经验教训在内的专项安全鉴定评价工作，根据需要实施补强修复。

3.3 地震地质灾害调查

防范地震次生灾害，需要加强水电工程及其大坝地震地质灾害、地震洪水灾害的调查分析和研究；需要加强环境边坡的地质调查，重视地震对环境边坡危险源的致灾影响和滑坡堵江的分析研究；需要加强对坝址上游流域梯级干支流水库大坝建设管理情况的分析；需要加强次生地质灾害、洪水灾害的预测、预警和综合防治。

《规范》规定，枢纽布置及建筑物设计应重视防范地震地质灾害风险，加强对枢纽工程区及其附近自然边坡、滑坡体、危岩体、泥石流以及其他物理地质现象等地质灾害隐患的排查，分析其在地震情况下的稳定性和可能导致的影响，提出有效应对措施。

3.4 地震应急预案

强地震发生后，应立即采取措施，将地震灾害损失降至最低，尤其需要防止出现溃坝，避免发生库水失控下泄，造成流域性安全事件。地震应急预案的作用就是使管理者和值班人员懂得如何避免发生上述事故或事件，或者一旦出现上述事故或事件的征兆或迹象，如何正确应对，才能最大限度地减轻灾害损失。

《规范》规定，水电工程防震抗震设计中，应进行地震破坏及次生灾害的风险分析，针对可能的风险和危害，从防灾减灾角度研究提出工程地震应急预案和应急管理要求。地震应急预案应包括（但不限于）对以下风险的防范：全厂停电，水淹厂房，洪水漫坝，闸门失灵、坝体缺口，坝基或坝坡失稳，坝基坝体渗漏加剧，电源中断与通信中断，地震次生灾害等。

3.5 对外交通

水电站对外交通道路是联系水电站枢纽与国家公路、铁路、水运港口和航运机场之间的主干通道，遭遇地震时，担负抢险救灾的运输任务。水电站对外交通包括永久进场交通、上坝交通、长引水工程的厂坝连接交通、抽水蓄能电站上水库与下水库的连接交通等。

《规范》规定，水电工程对外交通方式的选择，应考虑地震抢险救灾的要求。大型水电工程对外交通，应设置主、辅进场公路（又称"双通道"），并应研究公路和水运联合交通运输方式以及公路、水运和航空联合运输方式的合理性。大型水电工程，在交通条件困难、难以设置辅助进场公路的条件下，应研究设置库区水运通道及直升机停机坪。

3.6 通信方案

通信条件也是地震情况下水电站重要生命线工程之一。为及时通报地震灾害情况，获得有效救助和支持，保持水电站与外部的联系极其重要。

《规范》规定，大型水电站的电力通信应设有两个及以上相互独立的通信通道，并组成环形或迂回回路的通信网络。两个相互独立的通道宜采用不同的通信方式。梯级（区域）集控中心应设有卫星通信地面站。大中型梯级水电站与集控中心的通信，应设有固定卫星通信作为第二备用通信通道。

3.7 应急电源

从汶川地震灾区情况来看，枢纽泄水设施由于失去电源而无法开启，厂用电系统中配置的柴油发电机组由于布置不当，远离闸门启闭机，或被崩塌堆积物掩埋或被滚石砸坏，或缺乏维护处于故障状态，或缺少柴油等原因，不能正常启动，严重影响了应急处置。

《规范》规定，对于甲、乙类设防的泄洪设施，厂用电系统应为枢纽工程泄洪设施设置独立的保安电源。泄洪保安电源应由泄水设施供电系统直接接入。应急电源及其配电装置应避免受到地震次生灾害的威胁，尽量靠近泄水建筑物布置。直流电源系统作为水电站控制和保护系统设备的工作电源，同时还应兼作地震灾害下水电站内的应急电源。

4 结语

水电工程的地震安全，尤其大坝抗震安全备受社会关注。汶川地震灾区的高坝工程均经受了强地震检验，无一溃坝，抗震安全复核证明了我国水电工程大坝具有良好的抗震潜能。本文通过对水电工程大坝抗震设计标准、方法和应急管理制度的总结和反思，建立健全了相关设计标准，进一步完善了地震设防方法和对策措施。

《规范》基于系统性、综合性、风险性的地震设防理念，按照以人为本、预防为主、防震抗震和应急处置相结合的设防原则，采用全生命周期管理及风险防控理论，从河流规划、工程设计、建设、运行和应急处置等各个环节，规划、地质、水工、施工、机电、监测和运维等各个专业，提出了防灾减灾基本要求和技术措施。只要遵循设计规范的要求，采取恰当的防震抗震对策措施，就可实现工程可靠性和经济性的平衡，最大限度地避免或减轻地震灾害损失。

参考文献

［1］ 晏志勇，王斌，周建平，等．汶川地震灾区大中型水电工程震损调查与分析［M］．北京：中国水利水电出版社，2009.

［2］ 周建平．汶川地震给水电工程防震抗震工作的启示［M］//中国水力发电工程学会．现代水利水电工程抗震防灾研究与进展．北京：中国水利水电出版社，2009：243-248.

［3］ 陈厚群，徐泽平，李敏．汶川大地震和大坝抗震安全［J］．水利学报，2008，39（10）：1158-1167.

［4］ 张楚汉．汶川地震工程震害的启示［J］．水利水电技术，2009，40（1）：1-3.

［5］ 林皋．汶川大地震中大坝震害与大坝抗震安全性分析［J］．大连理工大学学报，2009，49（5）：657-666.

［6］ 孔宪京，邹德高，周扬，等．汶川地震中紫坪铺混凝土面板堆石坝震害分析［J］．大连理工大学学报，2009，49（5）：667-674.

［7］ 中华人民共和国国家经济贸易委员会．水工建筑物抗震设计规范：DL 5073—2000［S］．北京：中国电力出版社，2000.

［8］　中华人民共和国水利部．水工建筑物抗震设计规范：SL 203—97［S］．北京：中国水利水电出版社，1997．

［9］　陈厚群．水工抗震设计规范和可靠性设计［J］．中国水利水电科学研究院学报，2007，5（3）：163-169．

［10］　周建平，杜效鹄，周兴波，等．世界高坝研究及其未来发展趋势［J］．水力发电学报，2019，38（2）：1-14．

［11］　Federal guidelines for dam safety - earthquake analyses and design of dams：FEMA 65［S］．U. S. Department of Homeland Security，Federal Emergency Management Agency，2005．

［12］　林皋．大坝抗震安全［C］//周丰峻．中国工程院第三次地下工程与基础设施公共安全学术研讨会论文集．郑州：黄河水利出版社，2007．

［13］　ZHANG C，JIN F. Seismic safety evaluation of high concrete dams［R］．Beijing：14th World Conference on Earthquake Engineering，2008．

［14］　张楚汉，金峰，王进廷，等．高混凝土坝抗震安全评价的关键问题与研究进展［J］．水利学报，2016，47（3）：253-264．

［15］　水电水利规划设计总院，中国水利水电科学研究院，大连理工大学，等．混凝土坝抗震安全评价体系研究［R］．北京：中国水电工程顾问集团公司，2011．

［16］　水电水利规划设计总院，大连理工大学，南京水利科学研究院，等．高土石坝抗震性能及抗震安全［R］．北京：中国水电工程顾问集团公司，2014．

［17］　国家能源局．水电工程防震抗震设计规范：NB 35057—2015［S］．北京：中国电力出版社，2015．

［18］　国家能源局．水电工程水工建筑物抗震设计规范：NB 35047—2015［S］．北京：中国电力出版社，2015．

［19］　陈厚群．水工建筑物抗震设计规范修编的若干问题研究［J］．水力发电学报，2011，30（6）：4-10．

［20］　张楚汉，金峰，潘坚文，等．论汶川地震后我国高坝抗震标准问题［J］．水利水电技术，2009，40（8）：74-79．

［21］　陈厚群．汶川地震后对大坝抗震安全的思考［J］．中国工程学，2009，11（6）：44-53．

土石方与导截流工程

麦特隆大坝 RCC 入仓方式研究

田琴丽/中国水利水电第八工程局有限公司

【摘　要】　麦特隆（Metolong）大坝碾压混凝土（RCC）入仓在充分考虑施工现场地形地貌的基础上，采用分部位分阶段分区域的入仓办法。采用满管、皮带机、自卸汽车等优化组合入仓方式，通过合理的分层分块，部分通仓，部分灵活分区，调整浇筑顺序形成坝面斜坡，创造入仓道路，确保了混凝土的连续浇筑。经过验证，入仓强度满足要求，运输方案执行良好，很好地解决了混凝土的入仓问题，为类似工程提供了经验。

【关键词】　RCC　入仓方式　入仓强度　满管　通仓　分区

1　概述

麦特隆（Metolong）大坝及原水泵站项目位于莱索托王国马塞卢区，距首都马塞卢 35km。项目业主为麦特隆管理局（Metolong Authority），项目资金来源为科威特阿拉伯发展基金、沙特发展基金、阿拉伯非洲经济发展银行、欧佩克国际发展基金。工程建成后主要为马塞卢及周边提供城市与工业供水。主体工程由碾压混凝土大坝和原水泵站两部分组成。最大设计供水能力为 9.3 万 m^3/d。大坝设计为 RCC 重力坝，水库库容为 0.635 亿 m^3。本工程设计碾压混凝土总方量为 28 万 m^3（C20/53），骨料最大粒径为 53mm。碾压混凝土从 2013 年 8 月 5 日开始浇筑，于 2015 年 2 月 5 日浇筑完成。

2　大坝设计参数

大坝总长 278m，共分为 25 个坝段。其中溢洪道长 75m，分 5 个 15m 长的坝段；左非溢流坝段长 90m，分 9 个 10m 长的坝段；右非溢流坝段长 113m，分 9 个 10m 长的坝段；1 个 14.32m 长的取水塔坝段及与取水塔相邻的 1 个 8.68m 长的坝段。大坝坝顶高程为 1678.000m，底部高程为 1595.000m，最大坝高 83m。溢流面顶部高程为 1671.507m。溢流面处碾压混凝土最高高程为 1668.800m。坝顶宽 7m，最大坝宽约 65.6m。坝后坡比 1∶0.8，台阶高度 1.2m。大坝的碾压混凝土级别为 C20/53。大坝混凝土设计强度以及配合比参数见表 1 和表 2。

表 1　　　大坝混凝土设计强度（90d 龄期）

标号	规定抗压强度 /MPa	持续弹性模量 /GPa		直接抗拉强度 /MPa	直接抗剪强度 /MPa
		抗压	抗拉		
C20/53	20	20	20	1.3	1.75

表 2　　　　　　　　　　　　　　　　　　大坝混凝土配合比参数表

类　型	混凝土标号	水胶比	粉煤灰掺量 /%	砂率 /%	用水量 /(kg/m³)	胶材/(kg/m³)		WRA 136 减水剂 /(kg/m³)	RTD CE 缓凝剂 /(kg/m³)	骨料/(kg/m³)			
						水泥	粉煤灰			砂	小石	中石	大石
标准 RCC	C20	0.5	65	38	95	67	123	2.28	0.86	875	500	500	429
接缝 RCC	C20	0.5	65	40	105	74	136	2.52	0.95	901	675	675	0
机拌变态混凝土	C20	0.5	65	40	122	92	152	2.76	1.07	867	650	650	0
接缝砂浆	M25	0.47	60	100	245	207	315	4.18	1.04	1478	0	0	0

3 碾压混凝土生产系统

碾压混凝土由位于左岸坝肩下游高程 1683.000m 平台的两座拌和楼生产，拌和楼为 HZ150－1S4000L 型强制式拌和楼。系统总生产能力 300m³/h，预冷混凝土 200m³/h。辅助设施有砂石系统、制冷车间、风冷料仓、水泥煤灰罐及外加剂车间。骨料由砂石系统生产后经皮带运输至风冷料仓，然后运至拌和楼。设计的水泥灰罐储量大概为高峰期半个月的消耗量，水泥储量为 3600t，粉煤灰储量为 3900t。混凝土系统位置距离大坝较近，交通便捷。

4 大坝分层分块

高程 1668.800m 以下不分块，采用通仓浇筑。高程 1668.800m 以上因被溢洪道隔开成左右非溢流坝段，故分左右岸两块浇筑。分层基本是按每 3m 一层设分缝，少数的层因为要考虑廊道预制件的安装方便，有的层厚会小于 3m，大坝第一层层高 7m，总共 28 层。施工过程中，可以根据实际需要，逐层施工或者几层合并一起施工。局部根据坝体结构特点可做调整。

5 入仓方式

5.1 皮带机＋满管＋转料斗＋自卸汽车

高程 1595.000～1659.800m 采用皮带机＋满管＋转料斗＋自卸汽车入仓的方式。碾压混凝土拌和物从位于左岸坝肩的拌和楼下料口采用皮带机运输到布置在左坝肩的另外一条皮带机，通过该条皮带机将拌和物输送到满管顶部的 20m³ 转料斗，再通过满管输送到仓面。仓面内采用汽车转运。运输系统平面布置如图 1 所示。

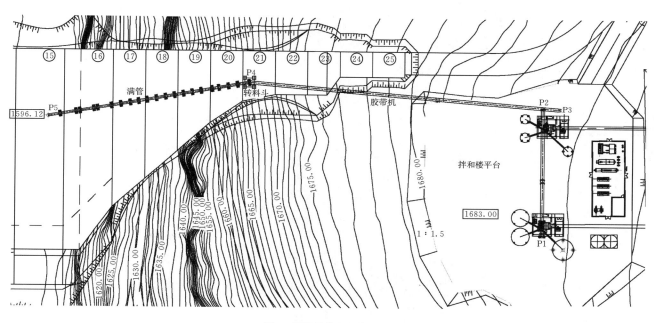

图 1　运输系统平面布置图

满管的剖面图如图 2 所示。满管采用钢柱和桁架支承，每节满管成为一相对独立的结构，每两层拆除 1 次，满管之间采用螺栓连接，以保证在拆除任意一节满管时，其余满管不需要移动。在每仓浇筑完毕后，将满管底部放置 1 个小型锥斗，锥斗底部接 1 根直径为 216mm 的橡皮软管，引至仓面以外，采用消防车运水在进料平台进行冲洗，将满管管身及 20m³ 转料斗内的钢板壁上附着的混凝土顺满管及软管排至仓面下游。满管托架采用标准桁架拼接，拆除方便简洁。

满管和皮带机的设计参数见表 3。

表 3　满管和皮带机的设计参数

满管设计参数			皮带机设计参数		
序号	项目	参数	序号	项目	参数
1	受料斗容量/m³	20	1	带宽/mm	1000
2	截面直径/mm	720	2	带速/(m/s)	2.5
3	标准节长度/m	1.524	3	输送能力/(m³/h)	300
4	倾角/(°)	47	4	高差/m	8
5	入仓高度/m	66.875	5	倾角/(°)	0～5.58
6	总长/m	91.44	6	长度（合计）/m	130
7	输送强度/(m³/h)	280	7	功率/kW	22

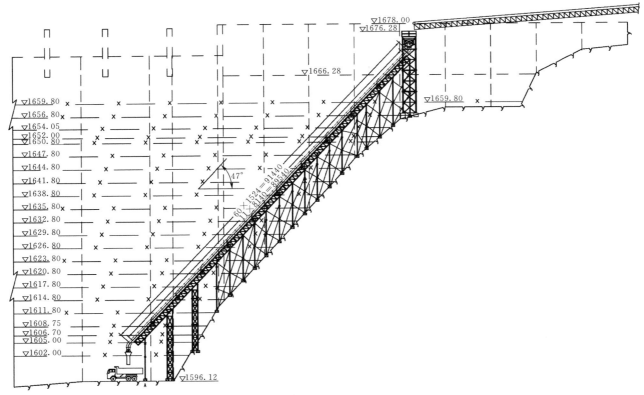

图 2　满管剖面图

5.2　自卸车直接入仓

高程 1659.800m 以上，满管、皮带机拆除，余下混凝土全部采用自卸车入仓。自卸车行驶速度控制在 10km/h，VB 值一般取 9s。为了节约成本，减少入仓道路的设置，通过巧妙的分区实现了施工最优化。整个 1659.800m 高程以上分为 3 个区域施工。高程 1659.800～1668.800m 为 A 区。高程 1668.800m 以上，大坝因为溢洪道的分隔被分为左右岸两个仓面，分 2 区，分别为 B 区和 D 区。仓面划分如图 3 所示。

各区域的入仓方式如下：

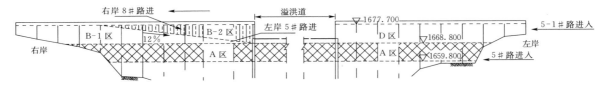

图 3　1659.800m 高程以上分区图

A 区：通过左岸坝肩下游的 5# 道路入仓。汽车运输入仓。

D 区：通过左岸坝肩下游的入仓支路 5-1# 道路入仓。自卸汽车运输入仓。

B 区：B 区位于右岸，右岸地势较陡，只有一条道路能到达坝顶。通过划分区域，优化浇筑顺序，解决了 B 区的入仓道路问题。整个 B 区分为 B-1 和 B-2 两个部分，两个区之间采用斜坡面作为分界线，坡度 12%（与斜层碾压要求的坡度一致）。B-1 区先通过左岸道路以及已经形成的坝面（高程 1668.800m）作为入仓通道，入仓方向从左到右，施工完毕后，B-1 区形成一个坡度为 12% 的斜坡面。斜坡面向左岸倾斜，为 B-2 区的施工创建一个完美的入仓通道。B-2 区施工时，自卸车调转方向，从右岸的上坝道路进入，通过 B-1 区形成的斜坡通道运输入仓。

6　入仓强度分析

大坝采用全坝段通仓浇筑，28 层中，第 6 层（高程 1611.800～1614.800m）仓面面积最大，约 4150m²。如果全部按平层法浇筑，30cm 一层，考虑初凝时间为 18h（这个初凝时间是合同要求的），计算得出最大强度为

103.75m³/h。拌和楼生产能力是 300m³/h，满管和皮带机的运输能力大概是 280～300m³/h，自卸车需要量为 7 台。因此，生产和运输系统能满足要求。碾压混凝土运输系统中转料斗的容积为 20m³，根据高峰小时浇筑强度，要求转料斗平均每小时转（103.75÷20）≈5.2 次料（即平均每 10min 转一斗料）。每一斗料需要 3 辆车运输（自卸汽车载重量为 20t，每台车每次能运输约 7m³ 混凝土）。这样要求每 3min 转一车料，根据其他工程的经验，这样的转料强度完全能够达到。而如果混凝土采用斜层浇筑，平均覆盖强度降低，转料强度会更低。

7 实际入仓情况总结

在满管施工完毕之前，大坝基坑的部分坝段已经采用自卸车通过下基坑的开挖道路入仓，开始浇筑。最终统计，通过满管及皮带机入仓的碾压混凝土总量为 12 万 m³，通过自卸车入仓的碾压混凝土约 16 万 m³。

满管和皮带机的利用能充分实现碾压混凝土快速铺碾施工，避免了汽车轮胎冲洗和道路的问题。碾压混凝土经皮带机、满管等输送入仓以后，再由运输车转送到各个碾压区，整个仓面相对于自卸车入仓较为干净整洁，且不存在封仓口多次碾压浇筑质量不好的情况。但是也有一些弊端，由于满管的下料有一定的落差存在，碾压混凝土粗骨料有部分分离现象，需对粗骨料集中部位进行人工干预。另外满管＋皮带机的入仓效率受影响的因素较多，地形、角度、接口、管内的气温、施工进度、VC 值、接料汽车的调度、出料弧门的控制、碾压混凝土干湿度、设备人员交接以及满管拆卸等，均能影响到实际生产效率。一般满管安装的水平夹角越大，管内的混凝土流动速度就越大；反之越小。为防止堵管的发生，

除了避免管内的混凝土长时间停留外，还需要加一些附着式振捣器，另外对混凝土的 VC 值要做好控制，还要对仓面的作业做好综合管控才能实现高效运行。

自卸汽车的入仓灵活高效，既可作为拌和楼到现场的运输设备，又可直接入仓，倒运次数少，减少混凝土的分离，有利于保证施工质量；缺点是受到地形条件限制多，入仓道路太远对保证混凝土的质量不利，运输费用较高。但是因为这个项目整个仓面是通仓浇筑，只要左右岸一边有道路即可进入仓面，并没有专为入仓修建很多道路，多是利用开挖过程中形成的上中下线道路。不便于布置道路的部位采用了满管运输。这种组合最大限度地利用了地形条件，节约了成本，顺利实现了混凝土的浇筑目标。

8 结语

本项目根据施工的特点及现场的施工条件，本着经济合理、满足施工强度和进度的原则，进行混凝土拌和系统、入仓道路和进料线路的设置，尝试了多种入仓方式。在高程 1659.800m 以下的大仓面均选择皮带机＋满管的运输方式，具有连续、高效、快速的施工特点，可以满足碾压混凝土大仓面连续作业的要求，集中供料还提高了混凝土的浇筑速度。溢洪道两侧，仓面面积小，采用自卸车的运输方式方便可行，通过巧妙的设计合理避免了自卸车运输需要修建入仓道路以及封仓口反复碾压容易导致质量问题等缺点。采用通仓浇筑的方式，减少仓面入仓口的数量，并采用灵活的分区，将坝面形成斜坡面，创造入仓斜坡通道，省去了修建入仓道路的工程量，减少了封仓的质量风险，节约了成本，也提高了质量。这是本项目入仓方式的一大亮点，值得其他项目借鉴参考。

浅谈不规则河湖土方量计算方法

张双羽　王土金/中国电建市政建设集团有限公司

【摘　要】 土方量计算是河湖整治工程中不可或缺的一个环节，它关系着整个工程的工程成本概算与最优方案的决策。如何快速准确计算出土方量的大小，是业主、监理与施工方关心的问题。在实际工作中，算法的不同对于不规则湖区及河道的计算也会产生较大的偏差。因此分析确定各种计算方法的精度和适用范围显得尤为重要。

【关键词】 方格网法　断面法　不规则三角网法　土方量

不规则河湖土方量计算的方法多种多样，但每种方法的计算误差存在着很大差异。本文客观分析了方格网法、断面法和不规则三角网法（以下简称"三角网法"）相对于不规则河湖土方量计算的误差，并合理地确定一种适用于该地形的方法来提高计算精度。同时总结出三种方法的计算特点，方便在今后的工程中选择出适合的算法，以便高效、迅速地完成土方量计算。

1　常见土方量计算方法

1.1　方格网法

方格网法是将场地划分成若干个边长为5～40m的方格，从地形图或实测得到每个方格角点的自然标高，通过给出的地面设计标高与自然标高之间的差值（习惯以"＋"表示填方，"－"表示挖方），得出零线的位置，进而求出各方格的挖填量。

1.2　断面法

断面法是用一定的间距等分场地，将场地划分成若干个相互平行的断面，按照设计高程与现状高程组成断面图，断面线高程由实测获得。计算每条断面线所围成的面积，以相邻两断面面积的平均值乘以等分的间距，求出相邻两断面间的体积，将所有体积相加，得出总体工程量。

1.3　三角网法

三角网法是利用实测地形碎部点、特征点进行三角构网，对计算区域按三棱柱法计算土方，最后累计得到指定范围内填方和挖方的土方量。其实质就是在坐标数据的基础上建立不规则三角网后，计算三角网中每个三棱柱的土方量，汇总后再计算总土方量。

2　土方量计算方法对比

2.1　方格网法土方量计算原理

方格网法是将场地划分为若干个具有一定间距的正方形方格，在格网点测定点位高程，对每一格网面按四角高程的平均值计算土方。挖填方宜分别冠以"－""＋"以示区别，然后分别计算每一方格的挖填土方。将挖填方所有方格计算的土方汇总，即得场地挖方和填方的总土方量。但在方格网计算中，土方量的计算精度不高。首先绘制方格网，如果土方量计算的面积为不规则边界的多边形，那么在面积进行计算时，先判断方格网中心点是否在多边形内。如果在多边形内，则要计算该格网的面积，否则可以将该格网面积略去。此方法用于地形较平缓或台阶宽度较大的地段。

2.1.1　划分方格网

根据已有地形图将计算场地划分成若干个方格网，尽量与测量的纵、横坐标网对应，方格一般采用5m×5m或10m×10m，根据不同的精度要求选择相应的方格长度，长度越小，精度越高。将相应设计标高和自然标高分别标注在方格点的左上角和左下角，将自然地面标高与设计地面标高的差值，即各角点的施工高度（挖或填），填在方格网的右上角，挖方为"－"，填方为"＋"。方格网法计算土方量示意图如图1所示。

2.1.2　计算土方工程量

按方格网底面积图形和表1所列体积计算公式计算每个方格内的挖方量或填方量，或用查表法计算。

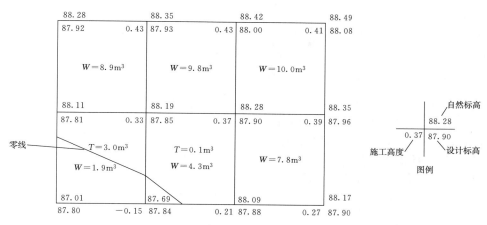

图 1　方格网法计算土方量示意图（单位：m）

表 1	常用方格网点计算公式	
项　目	图　　示	计　算　公　式
一点填方或挖方（三角形）		$V = \dfrac{1}{2}bc\dfrac{\sum h}{3} = \dfrac{bch_3}{6}$ 当 $b=c=a$ 时，$V = \dfrac{a^2 h_3}{6}$
两点填方或挖方（梯形）		$V_- = \dfrac{b+c}{2}a\dfrac{\sum h}{4} = \dfrac{a}{8}(b+c)(h_1+h_3)$ $V_+ = \dfrac{d+e}{2}a\dfrac{\sum h}{4} = \dfrac{a}{8}(d+e)(h_2+h_4)$
三点填方或挖方（五角形）		$V = \left(a^2 - \dfrac{bc}{2}\right)\dfrac{\sum h}{5} = \left(a^2 - \dfrac{bc}{2}\right)\dfrac{h_1+h_2+h_3}{5}$
四点填方或挖方（正方形）		$V = \dfrac{a^2}{4}\sum h = \dfrac{a^2}{4}(h_1+h_2+h_3+h_4)$

注　1. a 为方格网的边长，m；b、c 分别为零点到一角的边长，m；h_1、h_2、h_3、h_4 分别为方格网四角点的施工高程，m，用绝对值代入；$\sum h$ 为填方或挖方施工高程的总和，m，用绝对值代入；V 为挖方或填方体积，m³。

　　2. 本表公式是按各计算图形底面积乘以平均施工高程而得出的。

2.1.3　计算土方总量

将挖方区（或填方区）所有方格计算的土方量汇总，即得该场地挖方和填方的总土方量。

2.2　断面法土方量计算原理

将场地按一定的距离间隔划分为若干个相互平行的横断面并测量各个断面的地面线，由设计的标准断面与原地面断面组成断面图，计算每条断面线所围成的面积；以相邻两断面的填挖面积的平均值乘以间距，得出每相邻两断面间的体积；将各相邻断面的体积加起来，求出总体积，计算公式为

$$V = \frac{1}{2}(A_1 + A_2)L \qquad (1)$$

式中　A_1、A_2——相邻两横断面的挖方或填方面积；

　　　　L——相邻两横断面之间的距离。

此方法称为平均断面法，计算土方体积简便、实用，是公路上目前常采用的方法。不过这种方法精度较差，按棱台体公式计算更为准确，即

$$V = \frac{1}{3}(A_1 + A_2 + \sqrt{A_1 + A_2})L \qquad (2)$$

在计算范围内布置断面线，断面一般垂直于等高线，或垂直于大多数主要构筑物的长轴线。以垂直于大地水平面的方式，设置多个相互平行的垂直截面，一般垂直截面之间的间距取相同的数值，根据精度要求和场地大小常常以5~40m为横断面间距。然后分别计算每个断面的填、挖方面积，计算两相邻断面之间的填、挖方量，并将计算结果进行统计。计算公式为

$$V_\text{总} = V_1 + V_2 + V_3 + \cdots + V_n \qquad (3)$$

断面法计算土方量的计算条件主要是场地等高线比较有规则，尤其对带状场地最适用，比如道路、河道、航道、排水沟、停车场等沿纵向延伸、横向变化不是很明显的场地。

2.3　三角网法土方量计算原理

不规则三角网法（Triangulated Irregular Network，TIN，以下简称"三角法"）是一种DEM表示方法。三角网模型根据区域有限个采样点取得的离散数据，按照优化组合的原则，把这些离散点（各三角形的顶点）连接成相互连续的三角面，在连接时尽可能使每个三角形为锐角三角形或三边的长度近似相等，将区域划分为相连的角面网格。区域中任意点落在三角面的顶点、边上或角开内。如果点不在顶点上，该点的高程值通常通过线性插值的方法得到，在边上用边的两个顶点的高程值内插；在三角形内的则用个顶点的高程值内插。所以，三角网是一个三维空间的分段线性模型，在整个区域内连续但不可微。

2.3.1　三角网的构建

对于三角网的构建，在这里采用两级建网方式。

第一步，进行包括地形特征点在内的散点的初级构网。一般来说，传统的三角网生成算法主要有边扩展法、点插入法、递归分割法等以及它们的改进算法。在此仅介绍一下边扩展法。

所谓边扩展法，就是指先从点集中选择一点作为起始三角形的一个端点，然后找离它距离最近的点连成一个边，以该边为基础，遵循角度最大原则或距离最小原则找到第三个点，形成初始三角形。由起始三角形的三边依次往外扩展，并进行是否重复的检测，最后将点集内所有的离散点构成三角网，直到所有建立的三角形的边都扩展过为止。在生成三角网后调用局部优化算法，使之最优。

第二步，根据地形特征信息对初级三角网进行网形调整。这样可使得建模流程思路清晰，易于实现。

2.3.2　三角网的调整

2.3.2.1　地性线的特点及处理方法

所谓地性线就是指能充分表达地形形状的特征线。地性线不应该通过三角网中的任何一个三角形的内部，否则三角形就会"进入"或"悬空"于地面，与实际地形不符，产生的数字地面模型（DTM）有错。

当地性线与一般地形点一道参加完初级构网后，再用地形特征信息检查地性线是否成为了初级三角网的边，若是，则不再作调整；否则，按图2作出调整。总之要务必保证三角网所表达的数字地面模型与实际地形相符。

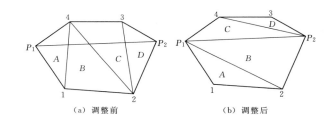

图2　在三角网建模过程中对地性线的处理

如图2（a）所示，P_1P_2为地性线，它直接插入了三角形内部，使建立的三角网偏离了实际地形，因此需要对地性线进行处理，重新调整三角网。

图2（b）是处理后的图形，即以地性线为三角边，向两侧进行扩展，使其符合实际地形。

2.3.2.2　地物对构网的影响及处理方法

等高线在遭遇房屋、道路等地物时需要断开，这样在地形图生成三角网时，除了要考虑地性线的影响之外，更应该顾及到地物的影响。一般方法是：先按处理地形结构线的类似方法调整网形；后用"垂线法"判别闭合特征线影响区域内的三角形重心是否落在多边形内，若是，则消去该三角形（在程序中标记该三角形记录）；否则保留该三角形。

2.3.3　计算土方量

三角网构建好之后，用生成的三角网来计算每个三棱柱的填挖方量，最后累积得到指定范围内填方和挖方分界线。三棱柱体上表面用斜平面拟合，下表面均为水平面或参考面，计算公式为

$$V_+ = \frac{Z_1 + Z_2 + Z_3}{3} S_3 \qquad (4)$$

式中　Z_1、Z_2、Z_3——三角形角点填挖高差；

$\quad\quad\ S_3$——三棱柱底面积（见图3）。

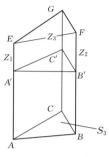

图3　土方量计算

3　土方量计算方法精度分析

3.1　方格网法精度分析

方格网适用于设计面为平面、斜面以及三角网的情况，用于地形比较平缓或台阶宽度较大的地段。该计算方法较为复杂，但精度较高。由于正方形格网法多用于白纸测图中，故该方法必定与等高线的绘制误差有很大的关系；此外，用插值法求取格网角点高程时人眼分辨率、地形图比例尺都会影响插值精度，并将最终影响土方计算的精度。

对于不规则湖区及河道，方格网法计算需要较高精度的设计面高程及自然标高，但在实际施工中由于多种原因，实测的高程点密度不能满足计算要求，加之湖区地形复杂，后期高程点加密后与实际地形出入较大，进而产生误差。当使用土方量计算软件用方格网法计算土方量时，方格网会布满计算区域，其中一部分没有自然标高或设计标高的网格将根据周围高程点自动生成自然标高与设计标高，产生系统误差，影响土方量计算精度。

3.2　断面法精度分析

断面法土方计算主要用在公路土方计算和区域土方计算，对于特别复杂的地方可以用任意断面设计方法。使用断面法计算土方量，必须对参数的设置比较清楚。在不规则湖区及河道使用断面法进行土方计算时，需要选定好纵断面线，再进行断面的绘制。但由于设计原因，湖区轴线存在一定的曲线段，导致曲线段的横断面无法保持相互平行的状态；如果曲线的弧度过大，还会导致部分横断面线出现相交的情况。随着曲线段的长度增加，断面法的误差会逐渐增大，对最终的计算精度影响极大。不仅如此，在弃土区，若两断面间有一块洼地，但断面线上的高程均高于中间洼地，计算时就会导致洼地部分因取两断面的平均值而填平，增加最终的土方量；反之，中部若为鼓包则会减少土方量。

3.3　三角网法精度分析

三角网数字高程由连续的三角面组成，三角面的形状和大小取决于不规则分布的测点或结点的位置和密度，通过在一个三角形表面对高程数据进行插值，可以估计任何位置的高程值。三角网随地形起伏变化的复杂性而改变采样点的密度和决定采样点的位置，在地形变化剧烈的区域可应用可变的点密度生成一个高效精确的表面模型，因而它能够避免地形平坦时的数据冗余，又能按地形特征（山脊、山谷线等）表示数字高程特征。另外，三角网法在坡度、坡向等地形计算效率方面优于等高线模型。三角网法支持很多的表面分析，如计算高程、坡度、坡向、剖面图创建等，很适合对表面要素的位置和形状精度要求很高的大比例尺制图应用。对于不规则湖区及河道三角网法刚好可以利用野外实测的地形特征点（离散点）构造出邻接的三角形，组成不规则三角网结构。这种结构可以很好的保留原始的地貌特征，同时还可以通过修改三角网使其更接近原始地貌。三角网法的计算精度对于不规则湖区、河道和曲线地形来说都是最为接近实际的，受地形限制较少，能够更好地完成复杂地形及不规则地形的土方计算。

4　结语

通过对以上三种土方量计算方法的对比及分析，不难发现，三种方法都有各自的适用范围及优缺点。

方格网法适用于地形较平缓或台阶宽度较大的地段，计算速度快，信息量小，但计算精度不高，与实际误差较大。

断面法适用于地势狭长沿纵向延伸、横向变化不是很明显且设计面相对对称的地段，如水渠、公路、航道、排水沟等，但对于纵向横向都有所变化的不规则的湖区，断面法的精度就无法满足要求。

三角网法适用于地势比较复杂、精度要求比较高的地段。对于不规则湖区及河道，三角网法的计算不仅能够直接反映出原始的地貌，同时能够满足精度的要求。

综合比较，三角网法相对于其他两种方法更适合不规则河湖的土方量计算。

贫胶CSG施工技术在南欧江一级纵向围堰中的研究与应用

王建魁 李 朋/中国水利水电第三工程局有限公司

【摘 要】 胶凝砂砾石（CSG）是一种新型的筑坝技术，与常规的碾压混凝土筑坝技术相比较为廉价。CSG是在坝址附近易于得到的河床砂砾石或开挖弃渣等材料中加入少量水泥，经简单拌和后振捣碾压而获得的一种材料，可以看作是一种贫胶碾压混凝土。本文介绍了南欧江一级水电站纵向CSG围堰的设计、施工，阐述了贫胶CSG坝的技术特点以及CSG技术在围堰等临时工程中的优势。通过材料试验和现场碾压试验，获得了许多宝贵的试验数据和CSG施工技术参数。

【关键词】 贫胶CSG 围堰 工艺性试验

1 引言

南欧江一级水电站上下游纵向CSG围堰全长257m，上游部分堰顶高程307.00m，下游部分堰顶高程303.00m，堰顶宽度5m。布置于左岸江边滩地部位，地形平缓，基岩出露少，在挖除冲积层后，混凝土基础位于弱风化岩体，上游端围堰基础局部位于G1挤压带上，根据开挖揭露情况酌情采取工程处理措施。根据坝址钻孔压水试验资料，弱风化岩体渗透性以弱透水中下带为主。上下游纵向CSG围堰主要配合一期上下游横向围堰和二期上下游横向围堰挡水，为大坝主体工程施工提供干地作业环境。

上游纵向CSG围堰布置于上游导流明渠段外侧，长140m，底部高程大面为282.00m，顶部高程为307.00m，局部挤压断层下挖至280.00m高程，最大底宽24.36m。围堰整体外形为台阶状，引渠内侧围堰堰坡控制坡度为1∶0.55，引渠外侧围堰堰坡控制坡度为1∶0.35。上游纵向围堰主要层高3.6m。

下游纵向CSG围堰布置于下游明渠段外侧，长117m，底部高程为283.00m，顶部高程为303.00m，最大底宽19.92m。围堰整体外形为台阶状，引渠内侧围堰堰坡控制坡度1∶0.55，引渠外侧围堰堰坡控制坡度为1∶0.35。下游纵向围堰主要层高为3.6m。

根据南欧江一级水电站纵向围堰施工技术要求，依据现行规程规范进行CSG及变态CSG配合比设计试验。根据《贫胶渣砾料碾压混凝土施工导则》（DL/T 5264—2011）及设计有关技术要求，依据室内CSG及CSG（变态）试验结果进行围堰CSG现场生产性试验，验证CSG及CSG（变态）室内配合比的适应性、胶凝砂砾石拌和系统、施工机械的适应性，确定施工参数及层面处理方法，确定经济合理的压实施工参数，为现场施工积累经验。

2 引用标准

（1）《贫胶渣砾料碾压混凝土施工导则》（DL/T 5264—2011）。

（2）《水工碾压混凝土试验规程》（DL/T 5433—2009）。

（3）《土工试验规程》（SL 237—1999）。

（4）《水工混凝土施工规范》（DL/T 5144—2015）。

（5）《水工混凝土试验规程》（DL/T 5150—2017）。

（6）《水工混凝土配合比设计规程》（DL/T 5330—2015）。

3 主要试验设备及技术参数

（1）碾压试验主要使用的仪器设备见表1。

表1　　　　主要仪器设备表

序号	仪器设备名称	型号/规格	仪器编号
1	三一双钢轮压路机	YZC28C	—
2	挖掘机		

续表

序号	仪器设备名称	型号/规格	仪器编号
3	装载机		
4	压力试验机	YE－200A 型	NOJS－35
5	混凝土振动台	HZJ－A 型	NOJS－55
6	电子台秤	TCS－T27Z－100	NOJS－24
7	维勃稠度仪		NOJS－44

（2）碾压机械技术参数见表 2。

表 2　　　　碾压机械技术参数表

序号	名称	参数	备注
1	产品型号	YZC28C	
2	整机质量	28500kg	
3	额定功率	185kW	
4	生产日期	2010.01	
5	出厂编号	10YZ21120024	

4　原材料检测

4.1　水泥

CSG 及变态 CSG 配合比设计试验采用的是老挝琅勃拉邦水泥厂生产的三象牌 P·O42.5 水泥，水泥的各项物理性能检验结果见表 3。

表 3　　P·O42.5 水泥物理性能检验结果

试验项目		单位	标准要求	检验结果
比表面积		m²/kg	≥300	327
密度		g/cm³	—	3.08
标准稠度		—	—	27.0
安定性		mm	合格	合格
凝结时间	初凝	min	≥45	132
	终凝	min	≤600	211
抗折强度	3d	MPa	≥3.5	4.9
	28d		≥6.5	8.1
抗压强度	3d	MPa	≥17.0	19.1
	28d		≥42.5	46.6
检验依据		《通用硅酸盐水泥》（GB 175—2007）、《水泥胶砂强度检验方法（ISO 法）》（GB/T 17671—1999）、《水泥比表面积测定方法　勃氏法》（GB/T 8074—2008）、《水泥标准稠度用水量、凝结时间、安定性检验方法》（GB/T 1346—2011）、《水泥密度测定方法》（GB/T 208—2014）			

从表 3 检测结果中可以看出：琅勃拉邦水泥厂生产

的三象牌 P·O42.5 水泥的各项物理性能指标均满足《通用硅酸盐水泥》（GB 175—2007）标准要求。

4.2　粉煤灰

配合比试验采用老挝睿昴老挝贸易有限公司生产的 F 类 Ⅱ 级粉煤灰，粉煤灰检测依据《水工混凝土掺用粉煤灰技术规范》（DL/T 5055—2007）进行。检验结果见表 4，检验结果满足标准要求。

表 4　　　　粉煤灰检验结果

品种等级	密度/(g/cm³)	细度(45μm方孔筛筛余)/%	需水量比/%	含水量/%	烧失量/%	活性指数
DL/T 5055—2007 标准要求	—	≤25.0	≤105	≤1.0	≤8.0	≥70.0
Ⅱ级粉煤灰检验结果	2.04	14.6	102	0.5	0.64	75

4.3　砂砾料

CSG 配合比设计试验使用的骨料是该工程河床天然砂砾石（0～250mm），经筛分后天然砂检测主要物理性能见表 5，0～250mm 砾石主要物理性能检测结果见表 6，天然砂颗粒分析检测结果见表 7，天然砂颗粒级配曲线见图 1。0～250mm 天然砂砾石颗粒分析检测结果见表 8，颗粒级配曲线见图 2。

表 5　　　　天然砂主要物理性能检测结果

检测项目	表观密度/(kg/cm³)	堆积密度/(kg/m³)	孔隙率/%	吸水率/%	含泥量/%	备注
检测结果	2640	1400	47	3.0	14.4	

表 6　　0～250mm 砾石主要物理性能检测结果

检测项目	单位	标准要求	检测结果
含泥量	%	≤5.0	5.0
针片状含量	%	≤15	7
吸水率	%	≤2.5	2.0
表观密度	kg/m³	≥2550	2670
饱和面干表观密度	kg/m³	≥2550	2580
堆积密度	kg/m³		1880
紧密密度	kg/m³		2070
泥块含量	%	0.54	0.4
空隙率	%		22

注　评定标准：《水工混凝土施工规范》（DL/T 5144—2015）。

表 7　　　　天然砂颗粒分析检测结果

筛孔尺寸/mm		10.00	5.00	2.50	1.25	0.63	0.315	0.160
DL/T 5144—2001 技术指标	累计筛余/%	0	10 ～ 0	25 ～ 0	50 ～ 10	70 ～ 41	92 ～ 70	100 ～ 90
检测结果		0	0.4	11.6	22.5	36.9	65.3	90.7
细度模数		2.26						

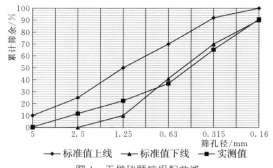

图 1　天然砂颗粒级配曲线

表 8　　　　　　　　0～250mm 天然砂砾石颗粒分析检测结果

筛孔尺寸/mm	250	80	40	20	5	0
大于该孔径试样质量占总试样质量百分率/%	0	19.4	36.7	49.7	65.1	100
试样质量/kg	8831.85	小于 5mm（砂）试样质量/kg	3083.4	小于 5mm（砂）含量/%		35

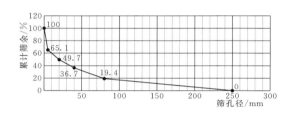

图 2　0～250mm 天然砂砾石颗粒级配曲线

4.4　外加剂

CSG 配合比设计试验使用的外加剂是云南宸磊建材有限公司生产的 HLNOF－2 缓凝高效减水剂，试验室依据《水工混凝土外加剂技术规程》（DL/T 5100—2014）进行检测，检验结果表明，HLNOF－2 缓凝高效减水剂满足《水工混凝土外加剂技术规程》（DL/T 5100—2014）标准要求。检测结果见表 9。

表 9　　　　　　　HLNOF－2 缓凝高效减水剂性能检测结果

检 测 项 目	减水率 /%	凝结时间差/min		细度 /%	含水率 /%	28d 抗压强度比 /%
		初凝	终凝			
DL/T 5100—2014 标准要求	≥15	≥+120	—	—	—	120
检测结果	17.8	+186	—	4.4	1.3	129

5　CSG 及变态 CSG 室内拌制试验

5.1　CSG 室内试验

CSG 室内试验采用重量法，胶凝材料用量分别为

90kg/m³、110kg/m³、130kg/m³ 三种。试验采用原状砂砾料（0～250mm）。胶凝材料分别为掺粉煤灰（掺量为40%）和纯水泥两种情况，每种情况用水量不变，选择三个不同的水胶比进行拌和。用水量以满足设计要求的 CSG 拌和物 VC 值为原则（VC 值为 2～25s）。检测结果见表 10、表 11。

表 10　　　　　　　　　　　　　CSG 检 测 结 果 统 计 表

序号	水胶比	用水量 /(kg/m³)	胶凝材料用量		减水剂 /(kg/m³)	0～250mm 砂砾料 /(kg/m³)	VC 值 /s	凝结时间/(h：mim)	
			水泥 /(kg/m³)	粉煤灰 /(kg/m³)				初凝	终凝
1	1.44	130	54	36	1.08	2080	4.0	10：15	12：22
2	1.18	130	66	44	1.32	2060	5.0	9：53	11：50
3	1.00	130	78	52	1.56	2040	6.3	9：25	11：17

表 11　　　　CSG 强度检测结果统计表

序号	水胶比	抗压强度/MPa			抗渗等级
		7d	28d	90d	
1	1.44	3.2	5.6	待报	待报
2	1.18	3.6	6.4	待报	待报
3	1.00	3.8	7.8	待报	待报

5.2　变态 CSG 室内拌制试验

变态 CSG 以推荐的贫胶 CSG 为母体，纯水泥浆浆液，选择浆液水胶比为 0.8、0.9、1.0 三个水胶比，每种水胶比按掺入体积 10%、13%、15% 的浆液分别掺入贫胶 CSG 母体，浆液掺入量根据变态体积比率计算并量取浆液。变态 CSG 室内拌和物理性能检测结果见表12，强度检测结果见表13。

表 12　　　　　　　　　　　　　变态 CSG 室内拌和物理性能检测结果

序号	水 胶 比		用水量/(kg/m³)	胶凝材料用量/(kg/m³)		减水剂/(kg/m³)	0~250mm 砂砾料/(kg/m³)	坍落度/mm	凝结时间/(h：mim)	
				水泥	粉煤灰				初凝时间	终凝时间
1	1.16		130	67	45	1.34	2058	19.6		
2	1.0	掺浆量 10%	84	84	—	1.01	—	103	9：35	11：15
3	0.9	掺浆量 10%	82	91	—	1.09	—	99	9：29	10：57
4	0.8	掺浆量 10%	82	91	—	1.09	—	94	9：16	10：39
5	1.0	掺浆量 13%	112	113	—	1.35	—	163	9：41	11：23
6	0.9	掺浆量 13%	110	122	—	1.46	—	156	9：34	11：07
7	0.8	掺浆量 13%	79	99	—	1.18	—	147	9：22	10：54
8	1.0	掺浆量 15%	134	134	—	1.60	—	208	9：54	11：31
9	0.9	掺浆量 15%	130	145	—	1.74	—	203	9：43	11：14
10	0.8	掺浆量 15%	126	157	—	1.89	—	199	9：37	11：02

表 13　　变态 CSG 强度检测结果

序号	浆液水胶比	掺浆量	抗压强度/MPa			抗渗等级
			7d	28d	90d	
1	1.0	10%	3.7	6.5	待报	待报
2	0.9	10%	4.0	6.9	待报	待报
3	0.8	10%	4.2	7.7	待报	待报
4	1.0	13%	3.9	6.6	待报	待报
5	0.9	13%	4.2	7.2	待报	待报
6	0.9	13%	4.5	8.5	待报	待报
7	1.0	15%	4.1	6.7	待报	待报
8	0.9	15%	4.4	7.4	待报	待报
9	0.8	15%	4.7	8.7	待报	待报

6　现场碾压试验

CSG 现场碾压试验场地选择在左岸上游 CSG 砂砾料堆放点旁的空旷场地，场地面积为 200m²，试验场地达到以下要求：

（1）试验场地进行平整处理，其表面平整度不超过 ±10cm。对试验场的基面进行了振动压实处理，以减少基层对碾压试验的影响。测量场地高程，并设置了测量高程控制点。

（2）在各试验单元区布置 1.5m×2m 的网格，并在填筑区外设置控制基桩。

（3）在各试验单元区两侧及前方各留出 0.5m 作为非碾压区，并在外侧立模作为变态 CSG 试验段。

7　结语

胶凝砂砾石（CSG）技术性能介于堆石坝材料和碾压混凝土之间，比堆石坝材料具有更好的抗冲刷能力，允许表面过流，具有一定强度和刚体性质，不再是散粒体结构。其 28d 抗压强度范围为 2~7MPa，密度在 2000~2400kg/m³ 之间。但同碾压混凝土相比，其强度较低、抗渗性能较差，且性能波动较大。作为围堰使用，其成本介于混凝土围堰和土石围堰之间，且防渗效果好于土石围堰，应加大力度推广使用。

大华桥水电站全断面胶凝砂砾石料围堰施工技术

田福文/中国水利水电第八工程局有限公司

【摘　要】 大华桥水电站上游设计了两道围堰，一道为在截流戗堤上加宽加高形成的临时土石围堰，用于 2014 年枯期挡水；另一道为在临时土石围堰具备挡水条件后，在临时土石围堰与大坝之间修筑的全断面胶凝砂砾石料（CSG）过水围堰，用于 2015 年、2016 年和 2017 年枯期挡水，汛期漫顶过流。CSG 围堰已经运行 3 年，经受住了 3 个汛期洪水（最大流量为 6200m³/s）漫顶过流的考验。本文就 CSG 围堰原材料选择、配合比设计、拌和与施工工艺以及质量控制等方面进行阐述，以供类似工程借鉴和参考。

【关键词】 胶凝砂砾石料（CSG） 围堰　原材料　拌和　施工工艺

1　工程概述

大华桥水电站位于云南省怒江州兰坪县兔峨乡境内的澜沧江干流上，是澜沧江上游河段规划开发中的第六级电站，坝址距昆明市公路里程约 588km，距大理市 257km，距兰坪县城 77km。大坝为 106.00m 高的碾压混凝土重力坝，电站安装 4 台单机容量为 230MW 的立轴混流式水轮发电机组，总装机容量为 920MW。

本工程大坝施工导流方式为围堰一次拦断河流，枯期围堰挡水、右岸导流隧洞（12m×14m）泄流，汛期导流隧洞和过水围堰及基坑联合泄流。枯期基坑内施工、汛期暂停。

2　CSG 围堰体型设计

2.1　设计标准

根据澜沧江流域汛期洪峰流量和导流洞泄洪能力，并结合大华桥水电站总体进度安排，上游 CSG 围堰设计挡水标准为枯期 $P=10\%$、$Q=2060\text{m}^3/\text{s}$，上游水位为 1424.6m；度汛标准为汛期 $P=5\%$、$Q=6950\text{m}^3/\text{s}$，上游水位为 1434.9m。

CSG 骨料级配连续，堰体 CSG 最大粒径不大于 250mm，变态 CSG 最大粒径不大于 150mm。压实后密度大于 2200kg/m³，28d 龄期抗剪断强度 $f'>0.55$、$C'>0.45\text{MPa}$，28d 龄期 80% 保证率的强度为 C3.5，抗渗等级 W5。

2.2　体型设计

CSG 围堰设计上游边坡 1∶0.5，下游边坡为 1∶0.6，下游在 1390.20m 高程设置 9.0m 宽的防冲刷平台，堰顶中部高程为 1426.00m。为减少 CSG 围堰汛期漫顶过流泄洪对左右两岸边坡的冲刷，围堰左岸顶部高程设计为 1429.00m，右岸堰顶高程为 1427.00m，左侧通过 12% 坡度、右侧通过 10% 坡度分别与中部衔接。CSG 围堰最大堰高 57m，堰顶宽度 7m，堰顶长度约 125.0m，共计 CSG 填筑 10.2 万 m³。

CSG 围堰不设横缝和纵缝，堰基地质缺陷部位浇筑 4.0m 厚的常态混凝土，上游迎水面 1～2m 厚变态 CSG 作为防渗层，左右岸堰肩和下游背水面变态 CSG 厚度为 1.0m，下游消能台阶采用尺寸为 2.00m×0.85m×1.20m（长×宽×高）的 C20 混凝土预制块，CSG 围堰 1390.20m 高程防冲刷平台顶部和围堰堰顶浇筑 1.0m 厚 C20 常态混凝土。围堰下游设计直径为 100mm 排水孔，左右岸各布置 3 根直径为 400mm 的通气管。

导流建筑物平面布置图见图 1。上游围堰布置图见图 2。上游 CSG 围堰堰顶结构设计图见图 3。

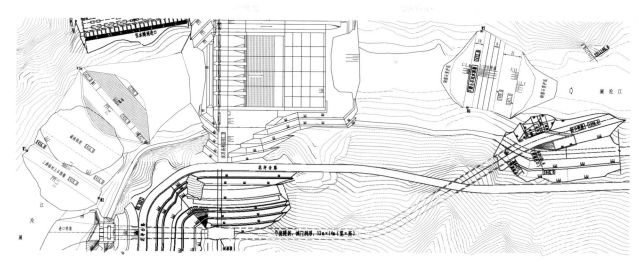

图 1　导流建筑物平面布置图

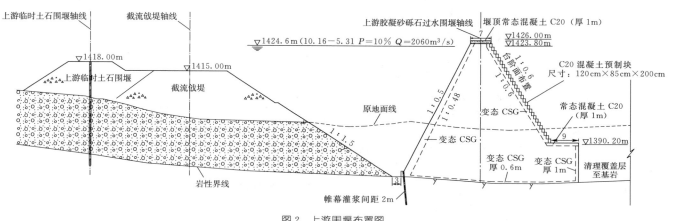

图 2　上游围堰布置图

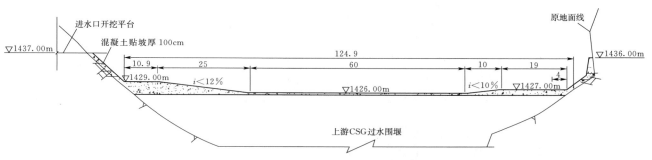

图 3　上游 CSG 围堰堰顶结构设计图

3　CSG 原材料选择

设计要求 CSG 围堰填筑料全部从基坑（围堰、坝基和消力池）覆盖层开挖料中选取。但在实施阶段，表面漂卵石层多半为大块石，不能用于 CSG 围堰填筑。中部砂层和砂卵砾石层含量较少且部分泥质含量较高（平均含泥量为 8%，最大含泥量为 11%，超过规范 5% 要求）；底部含泥沙卵砾石层，局部夹有孤、漂石层，开采率较低，加之前期料源鉴定筛选严格、受堆存场地限制等原因，导致河床天然砂砾石料有效开采量不能满足 CSG 围堰填筑需要量，需要用洞挖料进行补充。

3.1　河床天然砂砾石料

为弥补基坑天然砂砾石料有用料的不足，在大坝下游拉登坪大桥附近左右两岸河床出露部位进行开采补充，利用挖掘机在河床直接开采，自卸汽车运输到搅拌机堆存料场。本工程共计利用天然砂砾石料 7.15 万 m³，其中基坑天然砂砾石料 4.09 万 m³，下游桥左右岸河床出露部位 3.05 万 m³。

3.2 渣场洞挖回采料

根据四方会议协调，CSG 围堰填筑量不足部分由承包商在下游右岸干笔河渣场回采堆存的洞挖料，对于洞挖料含砂率较低问题，采用河床开挖料中多余的砂和细骨料进行掺配补充。根据 CSG 围堰填筑强度和进度，本工程共从干笔河渣场回采洞挖料 8.16 万 m³。

3.3 胶凝材料

本工程水泥采用红塔滇西水泥厂生产的登牌 P·O42.5 级普通硅酸盐水泥，掺和料采用攀枝花Ⅱ级粉煤灰，外加剂采用江苏博特新材料有限公司的 JM-Ⅱ混凝土高效减水剂。

4 CSG 配合比设计与试验

本工程上游 CSG 围堰骨料主要利用基坑覆盖层砂砾石料和洞室开挖料，骨料既不筛分调整级配，也不用水冲洗除泥。为确保 CSG 围堰施工质量满足设计和规范相关要求，在施工前，对两种骨料进行筛分试验（试验结果见表 1），以了解骨料级配分布情况，并对河床砂砾石料进行含泥量试验检测。

表 1 河床天然砂砾石料、洞室开挖料
筛分试验结果 ％

骨料类型	0～5mm	5～20mm	20～40mm	40～80mm	80～250mm	>250mm
天然砂砾石料	24.47	18.13	15.92	21.83	13.35	6.30
洞室开挖料	7.09	15.77	17.30	30.68	25.06	4.10

从表 1 可以看出，洞室开挖料中含砂率较小，不能满足施工规范要求，则采用天然河床的细砂进行补充掺配。

2014 年 5 月 14 日，挖机拌和天然砂砾石料工艺进行第一次生产性试验，砂砾石料采用挖掘机从下游桥附近水下开采，平均含泥量约为 5％。2015 年 2 月 6 日就河床天然砂砾石料、洞室开挖料掺配砂砾石料采用连续滚筒式胶凝砂砾石专用搅拌机拌和进行第二次生产性试验，试验骨料为基坑天然砂砾石开挖料、洞室开挖料＋20％天然细砂。在实施过程中，砂砾石料主要为基坑和下游河床出露部位的天然料，含泥量较大接近 11％，且不同部位测试结果波动较大（3％～11％）。

委托科研单位进行了配合比研究和试验，在科研单位推荐配合比基础上进行了两次生产性工艺试验，并根

据工艺试验结果调整完善，最终形成施工配合比。砂砾石（CSG）施工配合比见表 2。砂砾石料＋洞室开挖料施工配合比见表 3。

表 2 砂砾石（CSG）施工配合比

砂率/%	水胶比	材料用量/(kg/m³)					胶凝材料剂量/%
		水	水泥	粉煤灰	砂	石	减水剂	

砂率/%	水胶比	水	水泥	粉煤灰	砂	石	减水剂	胶凝材料剂量/%
22	0.78	78	70	30	503	1784	1.0	4

表 3 砂砾石料＋洞室开挖料施工配合比

砂率/%	水胶比	水	水泥	粉煤灰	砂	石	减水剂	胶凝材料剂量/%
20	0.77	95	92	31	448	1794	1.23(1%)	5
	0.5	592	947	237			5.92(0.5%)	6（净浆掺量）

注 洞室开挖料中掺配了 20％的天然砂砾石料，主要以砂和细骨料为主。

5 CSG 拌和工艺

初始方案是在基坑设置拌和坑，采用装载机配合挖掘机进行翻拌。实施阶段，在业主的大力支持下，并在科研单位配合下，CSG 拌和引进了连续滚筒式胶凝砂砾石专用搅拌机。

5.1 挖掘机拌和工艺

根据坝基河床砂砾石料分布情况，并结合坝址区域地形地貌、基坑开挖出渣道路布置、CSG 围堰填筑强度和进度，在大坝下游消能区和上游临时土石围堰处分别布置两个拌和坑。单个拌和坑尺寸为 10.0m×5.0m×1.2m，容积约 60m³，两侧采用混凝土预制块（2.00m×0.85m×1.20m）围砌。每坑 CSG 铺料拌和厚度为 1.0m，分两次铺料。砂砾石料（洞挖料）采用挖掘机斗容进行计量，水泥和粉煤灰采用袋装重量计量，拌和用水采用水表进行计量，单个拌和坑挖掘机拌和强度 30～40m³/h。

根据生产性工艺试验成果，挖机拌和顺序为：铺筑 50cm 厚砂砾石料（洞挖料）→人工剔除超径大石→人工均匀铺洒水泥、粉煤灰和减水剂→铺筑 50cm 厚砂砾石料（洞挖料）→人工剔除超径大石→人工均匀铺洒水泥、粉煤灰和减水剂→挖掘机干拌 2 遍→均匀加水→挖掘机湿拌 4 遍→拌和完成验收合格后装车运输至 CSG 围堰施工仓面。

5.2 专用机械拌和工艺

本工程引进 JLB200 型连续滚筒式胶凝砂砾石专用

拌和机,该拌和机是在满足最大粒径150mm设备基础上适当改进而来,其对超径骨料要求较为严苛。通过基坑开采(料场回采)进行一次超粒径剔除,在拌和堆存场骨料堆高(5m以上)自然筛除超径块石,天然砂砾石料采用装载机直接给配料仓供料,洞室开挖料需掺配20%~30%的天然砂和细骨料后再用装载机给配料仓供料。

JLB200型连续滚筒式胶凝砂砾石专用拌和机布置在大坝下游永久桥右岸桥头上游侧,理论产量为200m³/h。本工程CSG围堰填料最大骨料粒径限制在250mm以内,加之该拌和设备为科研试验产品,实际拌和效率大打折扣。拌和天然砂砾石骨料强度为80~90m³/h。洞室开挖料由于自身大于80mm粒径的块石偏多,且在拌和前需要挖机掺配天然砂和细骨料,洞室开挖料拌和强度仅为35~50m³/h。

5.3 拌和供料

根据CSG围堰填筑强度、拌和能力、运输道路以及进度需要,本工程挖机拌和与机械拌和供料分配如下:1499.80m高程以下CSG围堰填料由专用机械拌和、大坝下游消能区挖机拌和坑联合供料;1499.80~1410.60m高程段CSG围堰填料由专用机械拌和、大坝下游消能区和上游临时土石围堰挖机拌和坑联合供料;1410.60~1419.60m高程段CSG围堰填料由专用机械拌和、上游临时土石围堰挖机拌和坑联合供料;1419.60m高程以上CSG围堰填料由上游临时土石围堰挖机拌和坑供料。

6 施工模板

CSG围堰上游外露面为1:0.5的坡面,加之CSG围堰需要连续施工,因而上游面采用3.0m×3.1m的连续翻转模板,左右堰肩局部采用钢模板或木模板。

下游面消能平台(1390.20m高程)以下采用3.0m×3.1m的连续翻转模板,以上则采用2.00m×0.85m×1.20m(长×宽×高)C20混凝土预制模板。预制模板既是堰体的一部分,也是围堰漫顶过流时的消能建筑物。

7 CSG围堰施工

7.1 分区与分层

根据CSG围堰施工进度要求、拌和设备能力以及工程度汛总体要求,并结合CSG围堰结构(不设横缝、堰体内无廊道和泄洪通道,漫顶泄洪过流)特点,CSG围堰施工不分区,全断面通仓施工。

CSG围堰基础1372.00~1376.00m高程段为地质缺陷处理,施工仓面狭小,不具备CSG施工条件,设计更改为C20常态混凝土,1376.00m高程以上为CSG料。

根据围堰结构特点,CSG填筑以下游消能平台为界分两层施工,即1376.00~1389.20m为一层,1389.20~1425.00m为一层。CSG围堰摊铺坯层厚度为70cm,碾压坯层厚度为60cm,施工采用平层法连续上升。

7.2 运输与入仓

拌和好的CSG拌和物采用20t自卸汽车直接运输上堰。根据拌和点和基坑开挖出渣道路布置及CSG填筑进度要求,CSG施工共布置三条运输道路,其中1390.00m高程以下从CSG围堰下游中部入仓,1390.00~1399.80m高程段从左岸坝肩1394.00m高程入仓,1399.80m高程以上从左岸坝肩1430.00m高程道路经上游围堰背水坡面从上游入仓。

7.2.1 专用胶凝砂砾石拌和机拌制运输道路

自卸汽车从拌和站接料后,主要从下游和上游两个方向运输入仓,其中1399.80m高程以下经场内公路和下游进基坑道路,从CSG围堰下游中部或左岸坝肩1394.00m道路运输入仓,运距为2.5km;1399.80~1419.60m高程段经场内公路、下游永久桥、左岸坝肩1430.00m道路和上游围堰运输入仓,运距为2.6km。

7.2.2 消能区挖掘机拌和运输道路

拌制好的CSG物料采用挖掘机装料,自卸汽车运输入仓。其中1399.80m高程以下经基坑道路或左岸坝肩1394.00m道路运输入仓,运距为0.3km,1399.80~1410.60m高程段经下基坑道路、下游土石围堰右堰肩道路、场内5#公路和7#公路、左岸坝肩1430.00m道路和上游围堰入仓,运距为1.7km。

7.2.3 上游临时土石围堰挖掘机拌和运输道路

拌制好的CSG物料采用挖掘机装料,自卸汽车沿着上游临时土石围堰背水坡面道路运输入仓,运距约0.3km。

7.3 卸料与摊铺

20t自卸汽车将CSG拌和料运输到施工仓面后,采用端退法、两点卸料法,卸料高度控制在1.5m以内,距离模板1.5m,人工配合挖掘机剔除粒径大于250mm的大块石。

仓内采用平仓机铺料,人工辅助,铺层厚度为70cm,采用模板上红色油漆标记控制。变态区每层分为两次铺料,每次铺料厚度为35cm,人工配合挖掘机需将变态区大于150mm的大块石剔除,并分散到堰体其他部位,同时补充部分中小石进去,确保变态CSG骨料级配连续。

7.4 碾压

摊铺平仓完成后,CSG堰体采用25t单轮碾压机进行碾压。根据生产性工艺试验成果，CSG 堰体碾压采取无振两遍、有振六遍，碾压速度控制在 1.5～2.0km/h，碾压方向垂直于水流方向，碾压条带间搭接宽度控制在 30～40cm，端头搭接长度不小于 100cm。

7.5 变态 CSG 施工

CSG 变态区主要是左右堰肩与岩石边坡结合部位和堰体上下游部位，由于施工阶段优化掉了帷幕灌浆防渗系统，因而加大了左右两岸堰肩变态 CSG 的宽度。

变态 CSG 施工与堰体施工同步，每层铺料厚度控制在 35cm，采取抽槽法进行加浆。变态 CSG 加浆由右岸 1481.00m 平台的临时制浆站提供，采用 PVC 管输送到仓内的加浆车中，再由加浆车运输到变态 CSG 施工区域。其中天然砂砾石料变态 CSG 加浆量按体积的 6% 控制，洞室开挖料按体积的 10% 控制。

人工持直径为 100mm 或 130mm 振捣棒对变态 CSG 进行振捣，为确保变态 CSG 振捣和防渗效果，在振捣过程中，将粒径大于 150mm 的骨料剔除。

7.6 层间处理

CSG 层面在初凝前进行覆盖，碾压面暴露时间按不超过 10h 控制，可直接进行上层覆盖填筑。第二层施工时，在 1389.20m 高程施工缝面铺设一层水泥砂浆，确保 CSG 围堰层间结合良好。在高温时段施工的 CSG 层面采取喷雾措施，对于层面发白部位喷洒水泥净浆，以提高每碾压层间的结合效果。

7.7 质量控制

（1）现场挖掘机拌和严格按照生产性工艺试验进行，骨料按照体积法进行控制，水泥和粉煤灰按照重量法进行控制，要求拌和均匀，根据当时气温、风速等自然情况适当调整用水量。

（2）现场拌和前人工配合挖掘机将超径大块石进行剔除，对洞室开挖料按照体积法进行天然砂料补充掺配，确保砂率控制在 20% 左右。

（3）CSG 料采用自卸汽车快速运输到仓面，并采取两点卸料法，在高温和太阳辐射强烈时段自卸汽车顶棚加盖彩条布，仓面采取喷雾措施，改善仓面小环境，最大限度减少 CSG 料中水分的蒸发，确保 CSG 碾压度。

（4）变态区 CSG 采取 35cm 一层加浆振捣，并对变态区大于 150mm 的块石进行剔除，左右两堰肩适当加宽变态 CSG 施工范围，确保防渗效果。

（5）CSG 每层碾压完后，采用核子密度仪进行检测，现场挖坑灌水法测量碾压后 CSG 容重，对于不能达到设计要求的部位进行补碾。

CSG 围堰试验抗压强度统计见表 4。

表 4　　　CSG 围堰试验抗压强度统计表

项目 部位	强度等级	统计组数	最大值/MPa	最小值/MPa	平均值/MPa	标准差	保证率/%
拌和站（机械与挖机拌和）	C3.5W5	112	17.8	3.7	9.3	3.32	97
施工仓面	C3.5W5	62	16.7	3.8	8.1	3.76	90
施工仓面	C3.5W5变态	13	11.1	3.8	6.2		

注　表中试验数据为 150mm×150mm×150mm 标准立方体小试样，CSG 围堰最大骨料粒径为 250mm，超出试样模型尺寸，强度数值仅作为参考。

7.8 质量检测

2017 年汛前，采用 GQ-60 型钻机沿围堰轴线、堰顶中部靠近左右岸钻孔取芯，芯样直径为 219mm，其中左岸取芯孔进尺 34m，右岸取芯孔进尺 26m。由于 CSG 围堰骨料最大粒径 250mm 超出了钻孔直径、设备操作手技能不熟练以及设备性能不佳等因素影响，取出的芯样长度以 30～40cm 居多。

CSG 围堰取芯容重试验共计 14 组，最大容重 2473kg/m³，最小容重 2346kg/m³，平均 2430kg/m³，满足设计要求。抗压强度试验共计 14 组，最大抗压强度 17.9MPa，最小抗压强度 16.3MPa，平均 17.01MPa，均远超出设计强度。

8　施工进度

2015 年 3 月 7 日以前完成 CSG 围堰基础开挖和地质缺陷处理，并达到验收标准，具备基础填塘混凝土浇筑条件。

2015 年 3 月 7 日开始浇筑填塘混凝土，3 月 8 日基础填塘混凝土（1372.00～1376.00m）浇筑完成。

2015 年 3 月 11 日开始 CSG 围堰填筑施工，3 月 24 日围堰下游消能区以下（1376.00～1389.20m）CSG 施工完成。

2015 年 3 月 25—30 日，入仓道路调整，以及下游消能区顶面 1.0m 常态混凝土浇筑，CSG 填筑暂停。

2015 年 3 月 31 日继续填筑 CSG 围堰，5 月 17 日 CSG 填筑到堰顶 1426.00m 高程。

2015 年 5 月 20 日至 6 月 10 日堰顶左右岸常态混凝土浇筑。

9　结语

（1）本工程 CSG 围堰是国内首个应用在大江大河

上的全断面 CSG 过水围堰，最大堰高 57m，是国内目前已建的最高 CSG 围堰。CSG 骨料直接利用河床天然砂砾石料和洞室开挖料（补充天然砂砾石料不足），骨料不冲洗、不筛分，最大骨料粒径达 250mm，坝基天然料最大限度地被利用。

（2）CSG 填筑料水泥用量较小，温控简化，堰体不设横缝和纵缝，全断面一次填筑碾压完成，简化了仓面施工工艺。铺筑最大厚度可达 70cm，碾压厚度 60cm，加快了施工进度，降低了层间渗漏概率。

（3）两岸堰肩均为 Ⅳ～Ⅴ 类围岩，风化严重，设计在上游堰脚及两岸布置了防渗帷幕。实施阶段堰肩防渗帷幕施工平台制约 CSG 施工进度，加之该 CSG 围堰为临时工程，业主为节约投资，将防渗帷幕优化取消，围堰整体防渗仅靠迎水面和两岸 1～2m 厚的变态 CSG。围堰运行期间，对堰体渗漏进行了观测，总渗水量约 9.97L/s（35.89m³/h），其中左右堰肩岩石渗量约占 60%。实践证明只要变态 CSG 施工质量可控，就可以达到预期防渗效果。

（4）本 CSG 围堰经历了 2015—2017 年 3 个汛期洪水的考验，其中 2017 年最大洪水流量为 6200m³/s，围堰运行良好。2018 年 2 月 8 日，大华桥水电站成功下闸蓄水，该 CSG 围堰作为坝前的一个挡沙坎使用，不予拆除。

仙居抽水蓄能电站地下厂房岩锚梁施工技术综述

陈俊涛/中国水利水电第五工程局有限公司

【摘 要】 本文通过对仙居抽水蓄能电站地下厂房岩锚梁施工技术的阐述，详细介绍了抽水蓄能电站地下厂房岩锚梁开挖、锚杆施工和混凝土浇筑等具体措施和质量控制技术，可供类似工程借鉴。

【关键词】 仙居 抽水蓄能电站 地下厂房 岩锚梁 施工技术

1 工程概况

浙江仙居抽水蓄能电站位于浙江省仙居县淤山乡境内，为日调节纯抽水蓄能电站，安装 4 台 375MW 立轴单级混流可逆式水轮发电机组（国内单机最大），总装机容量为 1500MW，年平均发电量为 25.125 亿 kW·h，年平均抽水电量为 32.63 亿 kW·h。

仙居抽水蓄能电站主副厂房洞总长 176m，下部开挖宽度 25m，上部开挖宽度 26.5m，最大开挖高度为 55m。副厂房、主厂房、安装场从左到右呈"一"字形布置于主副厂房洞内，其中主厂房长 113m；安装场长 44.5m，开挖高度 25.7m；副厂房长 18.5m，宽度上下相同，为 25m，最大开挖高度 51.5m。岩锚梁岩台宽度 0.75m，水平夹角为 62.5°，开挖高度为 6.4m，高程为 128.600～135.000m，长 157.5m。岩台上、下拐点高程分别为 133.041m、131.600m。仙居抽水蓄能电站地下厂房岩锚梁共设置 3 排锚杆，岩锚梁锚杆布置详见图 1。

地下厂房区围岩主要为灰紫色含砾熔结凝灰岩、灰绿色角砾凝灰岩和凝灰质砂岩，厂房顶拱出露岩性为角砾凝灰岩，岩体新鲜、坚硬、块状结构，岩体完整—较完整，部分受节理、岩脉切割的影响，完整性差—较破碎。边墙部位围岩稳定性主要受结构面组合控制。

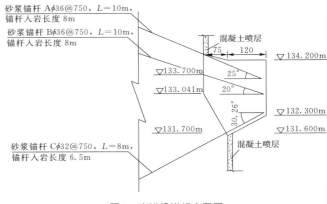

图 1 岩锚梁锚杆布置图

2 施工特点

（1）岩锚梁部位的岩壁及岩台面不允许有欠挖，局部超挖不得大于 15cm，不允许产生爆破裂隙。控制岩壁斜面与水平面的夹角与设计值相比应偏小，但不小于 3°。

（2）岩壁梁锚杆孔径应大于锚杆直径 20～40mm，孔位偏差上、下不大于 30mm，左右不大于 50mm，倾角偏差不大于 2°，仰角锚杆孔深偏差不应大于 50mm，俯角锚杆孔深应大于设计孔深 100mm。

（3）岩壁吊车梁锚杆入岩深度应不小于设计深度的 95%，锚杆下杆前须测量孔深，保证岩壁吊车梁锚杆的入岩深度。遇特殊地质构造部位，将根据情况进行锚杆入岩深度加深等处理措施，岩锚梁锚杆100%进行无损检测。

（4）岩壁吊车梁在混凝土浇筑3d内质点高峰振速不大于1.2cm/s，3～7d内不大于2cm/s，达到设计强度后岩梁质点振速不大于5cm/s。

（5）岩壁吊车梁锚杆造孔滞后于岩壁开挖不小于50m进行，岩壁吊车梁混凝土浇筑前，完成厂房下层边墙结构预裂；岩壁吊车梁混凝土浇筑后，暂不拆模，以免爆破飞石损伤梁体混凝土，梁体混凝土浇筑完28d后再进行厂房下层开挖。

（6）为保证在浇筑岩壁梁时与岩面有良好的接触，岩壁梁岩壁范围内不允许有喷层和砂浆存在。在进行岩锚梁锚杆安装时，应及时清除和冲洗留在岩壁上的砂浆。在边墙喷混凝土前应做好覆盖处理。

（7）岩壁梁混凝土为二级配C30常态混凝土，水泥用量较大，混凝土水化热温升较大，为避免温度应力超限导致混凝土开裂，应采取必要的温控措施，使混凝土入仓温度满足如下要求：混凝土入仓温度应严格控制在18℃以下，且低于环境温度至少3℃，并应控制内外温差不大于20℃。

（8）岩梁浇筑分缝长度以控制在8～12m为宜，必须采用跳仓浇筑，跳仓浇筑间隔时间一般应控制在5～10d。

（9）混凝土浇筑期间，如表面泌水较多，应及时清除，并研究减少泌水的措施。混凝土浇筑及养护期间，岩梁内埋设的排水管、电缆管等应采取临时封堵措施，防止孔内通风引起混凝土裂缝。

（10）浇筑完成后控制好岩壁吊车梁混凝土内外温差，防止表面出现干缩裂缝。

3 施工技术综述

3.1 开挖施工

3.1.1 通过爆破试验优选爆破参数

爆破试验主要以调整孔距、线装药密度和岩台斜面的开孔孔位为主，通过对岩梁区保护层辅助孔、主爆孔，下拐点垂直面和岩台开挖参数的调整，最终选取最优的爆破参数和开挖钻孔布置。具体见图2和图3。

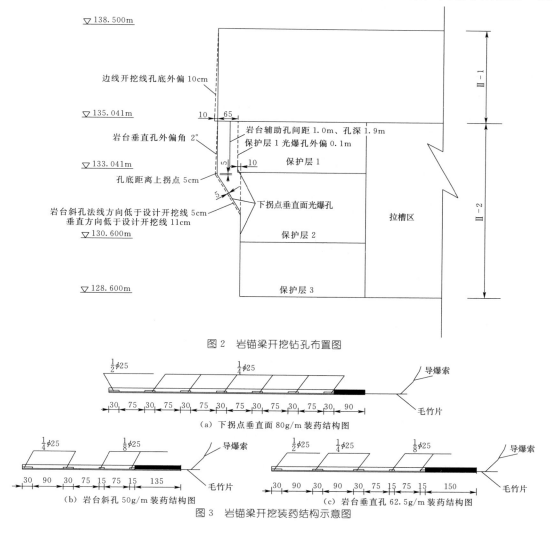

图2 岩锚梁开挖钻孔布置图

（a）下拐点垂直面80g/m装药结构图

（b）岩台斜孔50g/m装药结构图

（c）岩台垂直孔62.5g/m装药结构图

图3 岩锚梁开挖装药结构示意图

3.1.2 开挖施工

（1）根据仙居抽水蓄能电站地下厂房岩锚梁的特点、通道条件及施工机械的性能，主厂房岩锚梁的开挖采用分层、分区、分段错距开挖，分别命名为保护层1、保护层2、保护层3和岩梁区。其开挖分层、分区见图4，开挖顺序见图5。

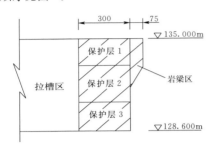

图4 岩锚梁开挖分层、分区示意图

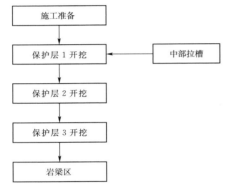

图5 岩锚梁开挖顺序图

主厂房第Ⅱ层拉槽区外为岩锚梁开挖范围，分为保护层、岩梁区。开挖时预留3m作为岩梁区保护层，保护层及岩梁区开挖施工时分3层4区开挖（10m一段）。开挖顺序为：主爆拉槽区→保护层1→保护层2→保护层3→岩梁区。保护层1开挖滞后主爆拉槽区两个循环；保护层2滞后保护层1一个循环；保护层3滞后保护层2一个循环；为避免岩梁钻爆样架受损，岩梁区（段长10m）滞后保护层3约20m。岩锚梁上下游侧各分11段开挖，其中15段单段开挖长度10m，1段开挖长度7.5m。岩锚梁保护层、岩梁区主爆孔及周边光爆孔均采用手风钻钻孔。

爆破后反铲挖掘机进行安全处理，开挖渣料采用3m³侧卸装载机和1.2m³反铲装15t自卸汽车出渣。

（2）岩梁区采用双向光面爆破（垂直向和斜向），孔间距初步拟定为35cm，其中垂直光爆孔与保护层1同时造孔施工，并插上PPR管保护，在打完斜面光爆孔后，拔掉PPR管，垂直孔与斜光爆孔采用间隔装药，一起爆破；若PPR管被石渣卡住拔不出，则直接在PPR管内装药。岩壁开挖前，对下拐点以下直边墙进行锚杆支护，支护结束后进行岩壁开挖，最后进行岩壁锚杆及混凝土施工。岩壁斜墙面及上直墙面采用手风钻打斜孔和垂直孔双向光爆，上斜孔钻孔采用钢管搭设样架及导向管进行钻孔精度控制，岩壁双面光爆孔孔距0.35m，采用小直径药卷间隔装药，毫秒非电雷管，脉冲起爆。岩梁区钻爆布孔示意图见图6。

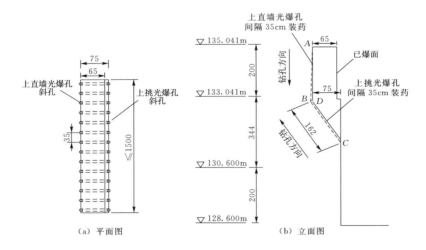

（a）平面图　　　　（b）立面图

图6 岩梁区钻爆布孔示意图

3.2 锚杆施工

3.2.1 施工程序

在岩锚梁锚杆施工时，为了确保岩梁本身能够处于稳定状态，岩锚梁锚杆的施工顺序为：岩台上下部位的系统锚杆→岩台内的系统锚杆→三排岩锚梁锚杆。

3.2.2 施工方法

在岩台开挖验收合格后，采用莱卡TC802全站仪逐个进行锚杆孔位测量放样。测量过程中根据岩壁实际开挖的超挖程度，经过延伸计算后测设的实际孔位采用红油漆逐个在岩壁上标明。采用 BOOM353E 多臂钻进行岩锚梁锚杆钻孔施工，钻孔过程中钻孔角度精确控制，由现场施工员采用地质罗盘及自制的量角器现场量测。

钻孔完成且验收后进行锚杆安装施工，锚杆安装采用"先注浆、后插杆"的施工工艺，注浆机选用 HS-B1 高压螺杆式注浆泵。此泵在注浆过程中浆液流动无间歇，最大程度的减少孔内砂浆空腔。注浆时在注浆管上标明该孔的设计深度，将注浆管插入孔底再次确认孔深符合要求，然后开始注浆。考虑到岩锚梁钻孔直径为 76mm，但注浆管直径为 40mm，为确保锚杆注浆密实度要求和注浆管被孔内砂浆自动反推出孔，对注浆管管口进行了改造，安装了变径装置，变径装置出口外径为 70mm，入口外径为 36mm。注浆过程中由注浆泵压力自动将注浆管推出孔外，最大限度地保证了注浆密实度。锚杆钢筋加工时若对应的孔位超挖量大于 20cm，为保证锚杆入岩深度，需增加相应的锚杆长度。由人工在支护平台上将锚杆插入孔内，孔口用木楔封紧，采用拉线的方式控制锚杆外露长度及锚杆整体外观平齐，避免在砂浆终凝前触动锚杆。当砂浆达到 3d 龄期之后对所有岩锚梁锚杆进行无损检测。

3.3 混凝土施工

3.3.1 分层分块

仙居抽水蓄能电站岩锚梁典型断面尺寸高度为 2.8m，施工时不再进行分层。为了防止混凝土收缩裂缝的产生，岩锚梁分块长度控制在 12m 左右。

3.3.2 施工方法

（1）施工前清除岩锚梁范围内松动的岩块、灰尘，凿除岩石表面散落的混凝土料，并对局部开挖形成的光滑岩面进行凿毛，用清水将岩壁冲洗干净，保证混凝土浇筑时岩面为湿润状态。

（2）由测量人员放出岩锚梁的上下设计高程线、偏距以及桩号，采用红油漆标注在侧墙上，然后由施工员根据测量点放出岩锚梁的轮廓线，以便于模板的支立和钢筋的绑扎。

（3）在进行岩锚梁承重脚手架搭设之前，对支撑体系下部进行渣料整平、碾压，并浇筑低标号的混凝土，以满足岩锚梁混凝土浇筑时地基承载力的要求和基础的平衡受力要求。

（4）岩锚梁模板支撑排架立柱采用普通钢管架（竖向钢管套有 0.6m 长的螺旋调节杆）。各排立柱之间采用钢管横向连接，以提高承重结构的整体稳定，并设置斜撑。为保证排架侧向稳定，排架立杆加高使用万向扣件连接，横杆与立杆采用十字卡连接，剪刀撑使用万向卡连接。为了便于绑扎钢筋、模板安装及混凝土浇筑，在岩壁吊车梁支撑排架外搭设钢管脚手架作业平台。

（5）岩壁吊车梁底部采用维萨板，底模安装时根据

测量放样点定出岩壁吊车梁底部边线，先把底模方木支撑安装牢固，然后在支撑上铺维萨板，要求平整无台口。

（6）岩锚梁含筋量大，且钢筋形式复杂，要求作业人员认真放样和下料，严格按照钢筋编号进行加工。钢筋骨架绑扎前，按测量放样仔细做好钢筋架立，每隔 3m 固定好 1 根标准横向受力钢筋，拉出标准线，其余钢筋按一定次序沿标准线安放，局部处理地段，根据超挖大小，增加附加钢筋并与梁内钢筋可靠焊接，保护层采用与混凝土等标号的水泥砂浆垫块。

（7）岩锚梁混凝土内预埋件较多，对各种预埋件施工时要仔细对照图纸，弄清埋件的规格、数量及位置，提前加工制作，以便在钢筋模板施工时搞好穿插、平行作业。预埋件施工时要确保位置准确，按设计要求出露、引下，并固定牢靠，以免混凝土浇筑过程中移位。岩壁吊车梁滑线埋件须与钢筋焊接牢固并保证外侧面紧贴侧模的内面。桥机轨道埋件在按设计要求与钢筋固定后，须经测量校核埋件位置无误方可进行下一道工序。由于埋件钢板尺寸较大，为保证混凝土浇筑密实，在每块埋件钢板中心开设 1~3 个直径为 5mm 的排气孔。

（8）岩锚梁混凝土侧模采用 3m×4m（宽×高）的钢结构大模板，大模板背面采用［20 的双槽钢支撑，大模板采用上下两排丝杆拉筋进行加固，上排丝杆拉筋与岩锚梁上部岩原设计的系统锚杆焊接连接；下排丝杆拉筋与岩锚梁下部护角锚杆焊接连接，封头模板采用木模配合键槽模板施工。

岩锚梁模板装配示意图见图 7。

（9）岩锚梁混凝土设计标号均为 C30F50，二级配。混凝土由拌和站集中拌制，采用 9m³ 混凝土罐车运至工作面。采用 16t 吊车吊 1m³ 卧式混凝土罐入仓。岩壁吊车梁混凝土入仓时，人工控制卧罐下料阀使混凝土沿岩壁吊车梁均匀下料，保证仓面内的混凝土料均匀平行上升。吊车配合入仓的全过程由专人指挥，使施工人员与吊车的操作协调一致，保证混凝土入仓的效率和入仓质量，混凝土入仓厚度按 30cm 一层进行控制。混凝土振捣器采用 φ50 软轴振捣器（钢筋密集处用 φ30 软轴振捣器），每仓至少 4 个（3 个施工、1 个备用）。振捣时，振捣器应插入下层混凝土内 5cm 左右，并严禁振捣器直接碰撞钢筋、模板及预埋件。当每个振捣位置的混凝土不再出现下沉、气泡并开始泛浆时停止振捣。特别注意在梁体拐角部位的振捣，防止漏振、过振或振捣不密实。

（10）侧面模板在混凝土强度达到 75％后（7d 左右）开始拆模。

3.3.3 混凝土温控及后期养护

（1）仙居抽水蓄能电站地下厂房岩锚梁混凝土浇筑时段为 11 月、12 月，外界温度较低，故在混凝土拌和时仅通过设置冷水机制备冷水进行混凝土拌和即满足入仓温度要求。

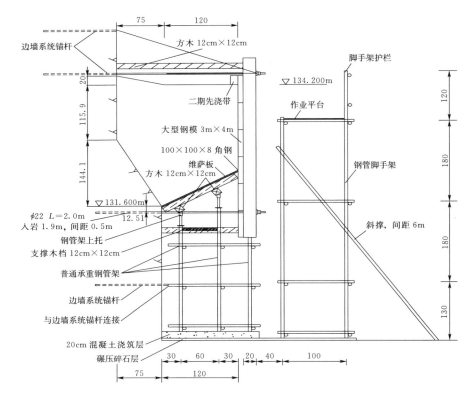

图 7 岩锚梁模板装配示意图

（2）岩锚梁侧模拆除后，侧面喷洒养护液、顶面淋水养护，梁身包裹塑料薄膜、养护毯进行全封闭保湿保温养护，保持混凝土表面湿润状态，降低混凝土浇筑后的内外温差。

（3）为确保入仓温度低于环境温度，进厂交通洞和通风兼安全洞从 12 月至次年 1 月采用挂门帘的方式，确保厂房内温度在 20℃左右。

4 施工质量控制要点

4.1 开挖质量控制措施

（1）钻孔前需对钻孔部位精确放点，按照爆破设计图纸用全站仪放出孔位，并用红油漆点标示；周边光爆孔放线时，按照分段长度，先每隔 5m 放出控制点钻孔位置并设置好标杆，然后拉上边线，并用水平尺测量，放出每个孔位并用红油漆标示。

（2）保护层 1 光爆孔向外侧偏移 10m，以保证下部保护层 2 下墙光爆孔造孔精度。

（3）为避免欠挖，岩梁区竖向孔超深 5cm，斜面孔在下拐点的设计高程以下 10cm 开孔，法线方向超深 5cm。

（4）岩梁区的上直墙光爆孔与保护层 1 层炮孔一起施工，并插上 PPR 保护管，在岩梁区施工时，拔掉 PPR 管，垂直孔与上挑光爆孔一起爆破。

（5）手风钻机采用定型样架固定在脚手架上，上直墙光爆孔和上挑光爆孔钻孔采用定型导向管架加脚手架支撑架施工。

（6）采用"三次校杆法"保证钻孔精度，即：在刚开钻时只旋转不冲击，待钻头开始钻进岩层后进行第一次校核，钻孔精度满足要求再开冲击，等钻头完全钻进岩层后，第二次进行校核，精度满足要求再进行钻进，待第一段钎钻进岩层后，再进行第三次校核钻杆精度，满足要求才能继续钻进；在钻杆上加两组扶正器，保证钻杆钻进的精度。孔与孔之间平行，孔底偏差小于 5cm，保证预裂孔钻孔精度。

4.2 锚杆质量控制措施

（1）待岩台开挖完毕验收合格后，需要对岩锚梁锚杆每一个孔位进行精确的测量放样。

（2）为确保岩锚梁锚杆入岩深度，结合岩壁超挖情况做相应调整，保证入岩深度满足设计。

（3）钻孔过程中严格执行"三次校杆法"，在钻进校核过程中，如若发现钻孔角度偏差超出允许范围，及时进行相应调整。

（4）孔位验收由测量人员采用莱卡 TC802 全站仪测量实际孔位与设计孔位的偏差。孔深验收选取 φ50 硬质PVC 管，由现场质检员采用电工胶布配合卷尺标明刻度，将 PVC 管插入孔内量出孔深是否合格。孔向验收：

岩锚梁锚杆为 $\phi36$ 锚杆，为保证足够的砂浆握裹力，采取 76mm 孔径，验孔时先在孔内插入一节 $\phi64$、$L=2.5m$ 长钢管，用钢管入孔 2m、外露 50cm 的方法引出角度，再用自制量角器测量角度。

（5）注浆前采用高压风及压力水对孔内残留的石屑、岩粉及积水等进行清洗干净，质检员现场对孔内清洗情况逐个进行检查、监督。

（6）严格按照试验室出具的配料单制浆，控制好浆液的稠度。

（7）注浆时再次复核孔深是否满足要求，孔深满足要求后，开始用 HS－B1 螺杆式注浆泵送浆；注浆过程无需人工拔管，利用孔内灌浆压力，使注浆管被孔内砂浆自动反推出孔；待浆液从孔口溢出时，人工辅助配合将注浆管缓慢移出孔口，另外在拔管过程中使用棉纱将孔口四周予以封堵，同时继续注浆，以免拔管过程中孔口溢浆过多，造成孔口砂浆不密实。

4.3　混凝土质量控制措施

（1）确保基岩面的清理干净和模板支撑体系的牢固可靠。

（2）严格控制混凝土的拌和和入仓温度、坍落度。

（3）混凝土浇筑及养护期间，岩梁内埋设的排水管、电缆管等应采取临时封堵措施，防止孔内通风引起混凝土裂缝。

（4）浇筑完成后通过埋设在岩锚梁内的温度计做好温度检测，控制好岩壁吊车梁混凝土内外温差，防止表面出现干缩裂缝。适时采取热水养护，并覆盖塑料薄膜和棉被进行混凝土的保温和保湿。

（5）浇筑完成后，对整个梁体进行防爆防护，待下层开挖完成后方可拆除，拆除后及时进行裂缝检查，必要时对裂缝采取化灌处理。

5　结语

仙居抽水蓄能电站地下厂房岩锚梁从开挖、锚杆施工到混凝土浇筑均采用科学合理的施工方法和施工工艺，有效地确保了岩锚梁结构的施工质量和运行安全，可为类似工程提供参考借鉴。

面板堆石坝压实监测指标影响因素及适用性分析与研究

冯友文/中国水利水电第十二工程局有限公司

【摘　要】 碾压质量实时监测技术已成为堆石坝填筑过程质量控制的重要手段，但压实监测指标及碾压质量的影响因素众多，尤其是面板堆石坝坝料分区多、级配差异性大，且即使同一坝区其料源也较为复杂。目前，实时监测技术主要作为碾压过程控制手段，而最终质量判定仍需采用传统的挖坑试验来复核其干密度、孔隙率等主控指标是否满足设计要求。如何通过实时监测技术采集的诸如 CV、CMV 或 CCV 等监测指标，与干密度、孔隙率等建立相关性回归模型，来表征和快速评估压实质量，并通过相关监测指标对不同坝料的适用性加以分析和研究，达到优化调整碾压参数或监测指标，来加强现场质量控制和快速判定，减少坑测频次，将具有十分重要的积极意义。本文结合贵州夹岩面板堆石坝现场碾压试验，针对不同坝区料各监测指标受到的影响因素及其适用性进行了全面系统的分析和研究，发现包含更多碾轮加速度谐波分量的 CCV 指标对于不同坝区料有更好的适用性，提出了以耦合考虑频率的 CCV 指标来表征面板堆石坝不同坝料的压实质量，取得良好的效果。本研究可为多坝料面板堆石坝碾压质量实时监控技术提供更具适用性的监测指标，以达到适量减少坑测频次和快速评估碾压质量的目的。

【关键词】 面板堆石坝　监测指标　影响因素　适用性　分析与研究

1　引言

控制面板堆石坝沉降变形的关键在于填筑过程中的碾压质量，目前普遍采取碾压质量实时监测技术与碾后挖坑试验相结合的方式进行大坝填筑质量控制。因前者仅属于施工过程控制手段，压实干密度、孔隙率等最终质量结果仍需采取挖坑试验来确定。为进一步突破碾压质量实时监测技术无法直接快速判定最终质量状况的弊端，近年来，利用碾轮加速度信号来实时评估被碾土石料的压实状态已有了相关的研究。其原理在于，通过对振动轮加速度进行频域分析和频谱组成研究，以加速度频谱在压实过程中的动态畸变程度来表征填筑体的压实程度。如利用 CV 来实时监测填筑体的压实质量、通过 CMV 实时监测高速铁路路基的密实情况及使用总谐波失真（THD）来评价被压料压实状态等，但不同监测指标的适用范围有着较大的区别。

面板堆石坝垫层区、过渡区、堆石区等不同坝区料的组成、颗粒级配等往往有着较大差异，且料源质量、填筑工艺等众多客观因素均会给监测指标带来较大的影响。本文结合在建的贵州夹岩面板堆石坝就碾压机行进方向、振动模式、振动频率、碾压遍数等碾压参数对不同坝料压实监测指标的影响进行了系统的试验研究，并对相关监测指标对不同坝区料的适用性进行了全面分析，以期为多坝料面板堆石坝压实质量提供更具适用性的实时监测指标。

2　面板堆石坝碾压实时监测指标

加速度频域指标一般是通过安装在碾轮上的加速计实时采集碾轮对坝料的振动响应，并通过快速傅里叶变换（FFT），分析加速度波形畸变程度，来评估被压料的密实情况。如图 1 所示，随着被压坝料从松软变密实，加速度信号在时域上表现为畸变程度越来越大，在频域上则表现为不同谐波分量的增减变化，从而通过分析谐波分量的变化来定义相关实时压实监测指标，以表征坝料的压实状态。一般常用的加速度频域监测指标有如下几种：

（1）CV（Compaction Value）为二次谐波与基频谐

波幅值之比,见式(1)。CV 值越大,表征填筑料的密实程度越好;反之则越松散。

$$CV = 300 \frac{A_4}{A_2} \qquad (1)$$

(2) CCV(Compaction Control Value)是对 CV 的改进,定义见式(2)。其同时考虑了半倍和整数倍基频谐波分量,由 Sakai 公司提出,解决了被压料压实过程中碾轮出现跳振时 CV 值却减小的问题。

$$CCV = 100 \left(\frac{A_1 + A_3 + A_4 + A_5 + A_6}{A_1 + A_2} \right) \qquad (2)$$

(3) 总谐波失真 THD(Total Harmonic Distortion),见式(3)。其考虑了加速度信号里的高次谐波分量。THD 是评价被压料压实状态的高敏感性指标,THD 越大,压实质量越高,即越坚硬的填筑体上振动轮加速度的高次谐波分量越多。

$$THD = 300 \frac{\sqrt{A_4^2 + A_6^2 + A_8^2 + A_{10}^2 + A_{12}^2}}{A_2} \qquad (3)$$

(4) RMV(Resonant Meter Value),见式(4)。其计算原理与 CV 一致,不同的是该指标从碾压机发生跳振时产生次谐波角度定义了半倍谐波幅值与基波幅值的比值,用以表征被压料的压实特性,其变化趋势与 CV 相似。

$$RMV = 300 \frac{A_1}{A_2} \qquad (4)$$

式(1)~式(4)中 A_1——碾轮加速度信号经 FFT 之后的各谐波分量幅值;

A_2——基频谐波对应幅值;

A_n——$n/2$ 倍基频谐波对应幅值($n=1,3,4,5,6,8,10,12$)。

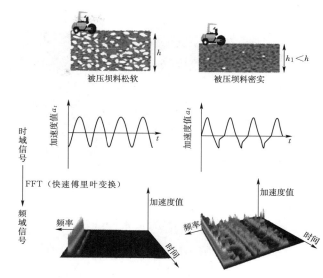

图 1　面板堆石坝碾压质量实时监测原理图

3　试验方案及实施

3.1　试验概述

为研究贵州夹岩面板堆坝碾压工艺、振动模式、碾压机行进方向和填筑坝料的差异对碾压实时监测指标的影响,以及各监测指标对不同坝料的适用性,现场试验采用 26t 徐工 XS263J 振动碾及天津大学水利工程仿真与安全国家重点实验室开发的坝料碾压质量实时监测装置对压实监测指标(CV、CCV、THD、RMV)及碾轮振动频率 f、位置坐标等数据进行实时采集和后续分析。

各坝区料最大粒径、碾压工艺及碾压参数控制标准见表 1。

表 1　　　　　　　　　各坝区料最大粒径、碾压工艺及碾压参数控制标准

坝料分区	设计干密度/(g/cm³)	碾压工艺	碾压速度/(km/h)	坝料最大粒径/mm	松铺厚度/mm
垫层区(2A)	2.24	H2+D3+H1	3.0	80	440
过渡区(3A)	2.21	H2+D5+H1	3.0	300	440
主堆石区(3B)	2.17	H2+D5+H1	3.0	800	880
下游堆石区(3C2)	2.15	H2+D5+H1	3.0	800	880

注　表中 H 为低频高振;D 为高频低振;H2+D5+H1 表示高振 2 遍,然后低振 5 遍,最后高振 1 遍。

3.2　振动模式对监测指标的影响试验

为分析高、低频振动模式对监测指标的影响,铺设料性相同的长 60m、层厚 88cm 的主堆料条带 3 条。碾压机以 3km/h 匀速分别对各带低振 8 遍、高振 6 遍和混合振动 8 遍(高振 2 遍+低振 5 遍+高振 1 遍),且为消除碾压机行进方向对监测指标的影响,均采用前进方式单向重复碾压至上述遍数,如图 2 所示。

3.3　碾压行进方向对监测指标的影响试验

为评估碾压机行进方向对监测指标的影响,铺设料性相同的主堆料 60m 条带 1 条,层厚 88cm,碾压机以 3km/h 匀速采取往复低振碾压 8 遍,如图 3 所示。

图 2　碾压振动模式影响试验布置

图 3　碾压行进方向影响试验布置

3.4　监测指标对不同坝料的适用性试验

为分析不同坝料对不同监测指标的适用性，铺设主堆料、过渡料、垫层料试验条带各 1 条。碾压机以 3km/h 匀速按表 1 碾压工艺往复碾压。

4　试验成果研究与分析

4.1　振动模式对监测指标的影响分析

本文选用 CCV 监测指标（事实上由下文分析可知 CCV 是各种堆石坝料最佳适用性指标）来分析振动模式对其产生的影响。根据第 3.2 节试验方法，沿条带方向对应某一振动模式每遍采集 30 个 CCV 值，结果见表 2。

发现无论是高振（低频率激振力）或低振（高频率

激振力），CCV 均值均随碾压遍数呈增长趋势。其中高振模式下 CCV 增长明显，低振模式下 CCV 增长较缓，可知 CCV 对碾压机的激振力较为敏感，激振力越大，加速度信号畸变程度度越大。在混合振动模式下，CCV 均值与遍数的 R^2 仅为 0.13，远小于其他两种单纯频率振动的情况，可见振动模式对监测指标 CCV 影响很大。事实上，振动频率 f 和名义振幅 A_0 是碾压机振动模式特征参数，一般其名义振幅不变，故可以将频率 f 与 CCV 耦合考虑来表征坝料的压实质量。考虑碾压过程中 f 变化，建立 CCV 与碾压遍数 n 的表达关系见式（5），计算结果见表 2。

$$CCV = \beta_0 + \beta_1 f + \beta_2 n + \varepsilon \qquad (5)$$

式中　β_0、β_1、β_2 ——回归系数；

　　　　n ——碾压遍数；

　　　　ε ——误差项。

表 2　　　　　　　　　　　　　不同振动模式下 CCV 与遍数的拟合关系

振动模式	不考虑频率		考虑频率耦合	
	拟合模型	R^2	拟合模型	R^2
高振 6 遍	$CCV=5.84n+46.32$	0.80	$CCV=3.84n-10.00f+334.01$	0.84
低振 8 遍	$CCV=0.94n+22.23$	0.94	$CCV=0.93n-8.74f+317.32$	0.94
混合振动 8 遍	$CCV=2.84n+22.81$	0.13	$CCV=4.81n-6.59f+224.15$	0.86

由表 2 可知，由于碾压机在高振、低振时其频率基本不变，其在耦合考虑频率后，拟合模型的决定系数 R^2 均变化不大。混合振动时，如果不考虑频率，决定系数 R^2 只有 0.13；考虑频率后，决定系数 R^2 增至 0.86，拟合优度明显提高。可见，振动频率对压实监测指标影响显著，将频率作为代表碾压机振动状态的参数与监测指标 CCV 耦合考虑，可显著提高监测指标与压实状态的相关性。

4.2　碾压行进方向对监测指标的影响分析

根据第 3.3 节试验方法，其中奇数遍从右岸到左岸行驶，偶数遍反之。得到往复行进下的 CCV 值与遍数 n 的关系，且呈现出明显的"波动性"，可确定这种"波

动"是由碾压机奇偶数交替变化行进方向不同造成的。通过对碾压机试验时振动频率统计分析，发现频率最大变幅虽只有 4% 左右，但引起 CCV 值"波动"较大，因激振力与频率平方成正比，这种微小的频率变化会造成较大的激振力变化。由此可知，CCV 对激振力变化敏感，可以认为行进方向的不同引起的监测指标 CCV "波动"是由于不同方向振动频率的不同，进而导致激振力变化。这与部分学者认为碾压机进退中的激振力存在一定差异的研究结论相符。

考虑不同行进方向下的频率变化，可以建立 CCV 与 f、n 的关系，见表 3。

由表 3 可知，考虑不同行进方向引起的频率变化，能提高监测指标 CCV 对于坝料压实状态的表征关系。

表 3 考虑不同行进方向的 CCV 与遍数的关系

振动模式	不考虑行进方向中频率变化		考虑不同行进方向的频率变化	
	模型方程	R^2	模型方程	R^2
往复振动碾压	$CCV=2.57n+22.96$	0.59	$CCV=1.98n-9.92f+372.37$	0.93

4.3 碾压实时监测指标对不同坝料的适用性分析

考虑试坑法监测坝料干密度费时费力，而且理论上碾压遍数对坝料干密度存在显著关系，故本文以监测指标与遍数的相关性来分析指标对坝料压实表征的适用性。

由上文分析，振动模式及行进方向的改变主要体现在振动频率 f 的变化，故可以将监测指标与频率耦合在一起，建立如下关系：

$$Y'=Y+\beta_0 f=\beta_1+\beta_2 n+\varepsilon \tag{6}$$

式中　Y'——改进的监测指标；

　　　Y——原监测指标。

根据第 3.4 节试验方法，采集获取 3 个坝料条带的多种碾压实时监测指标值，按照式（6）建立改进的监测指标与遍数的关系，结果见表 4。

由表 4 可知：

表 4 不同坝料上各监测指标拟合优度对比

序号	坝料	监测指标	拟合模型	决定系数（R^2）
1	主堆料	CCV	$CCV'=CCV+3.67f=3.23n+143.90$	0.77
		CV	$CV'=CV+1.21f=2.45n+68.48$	0.23
		RMV	$RMV'=RMV+6.87f=5.81n+224.55$	0.83
		THD	$THD'=THD+1.70f=2.81n+86.50$	0.24
2	过渡料	CCV	$CCV'=CCV+4.47f=5.57n+120.55$	0.85
		CV	$CV'=CV+8.19f=10.97n+214.03$	0.79
		RMV	$RMV'=RMV+2.73f=1.35n+68.84$	0.29
		THD	$THD'=THD+9.77f=12.39n+245.79$	0.81
3	垫层料	CCV	$CCV'=CCV+4.18f=7.86n+106.32$	0.89
		CV	$CV'=CV+10.10f=16.60n+237.73$	0.90
		RMV	$RMV'=RMV+1.23f=-0.83n+49.83$	0.03
		THD	$THD'=THD+11.91f=18.59n+272.63$	0.91

（1）CV 较适用于表征粒径较小的垫层料或过渡料的压实过程，但在主堆料上应用效果较差，这是因为随着被压料颗粒变粗，加速度频谱中出现了大量二次谐波之外的成分（半倍谐波和高次谐波）。

（2）THD 跟 CV 表征效果基本相同，比较适用于细颗粒坝料（垫层料和过渡料），不适用于大粒径的堆石坝料。

（3）RMV 与 CV 和 THD 正好相反，其随着被压料粒径变大，与遍数的相关性在逐渐变强，这说明粗颗粒填筑料压实过程中产生的半倍谐波分量相比与细粒料（过渡料、垫层料）明显增多，其适用于粗颗粒的堆石坝料压实密度表征。

（4）CCV 在三种坝料上均有着较好的表征效果，这是因为该指标同时考虑了半倍和高次谐波。

综上，面板堆石坝不同填筑料适用的监测指标有所差异，见表 5，推荐使用对各种坝料具有较好适用性的 CCV 指标作为堆石坝各分区压实质量的实时监测指标。

表 5 不同坝料监测指标的适用性

序号	坝料	CCV	CV	RMV	THD
1	主堆料	适用	不适用	适用	不适用
2	过渡料	适用	适用	不适用	适用
3	垫层料	适用	适用	不适用	适用

5 坝料干密度与监测指标的相关性分析

利用现场挖坑试验结果，以及对应试坑位置所采集的 CCV 和频率值，见表 6，来分析坝料干密度 D 与 CCV 的相关性，建立如下关系表达式：

$$D=\beta_1 CCV_0+\beta_2+\varepsilon=\beta_1(CCV+\beta_0 f)+\beta_2+\varepsilon \tag{7}$$

式中　β_0、β_1、β_2——待定参数。

表6   不同坝料不同试坑位置样本数据

序号	填筑料	试坑编号	碾压工艺	干密度/(g/cm³)	CCV	f/Hz
1	主堆料	3C-1	H1	1.99	25.83	28.75
		3C-2	H2	2.07	38.96	28.75
		3C-3	H2+D2	2.1	20.99	33.75
		3C-4	H2+D4	2.12	26.77	33.75
		3C-5	H2+D5+H1	2.15	72.73	28.75
2	过渡料	3A-1	H1	2.17	37.28	28.75
		3A-2	H2	2.28	51.76	28.75
		3A-3	H2+D2	2.30	25.44	33.75
		3A-4	H2+D4	2.25	24.38	33.75
		3A-5	H2+D5+H1	2.42	83.63	27.50
3	垫层料	3A-1	H1	2.04	38.68	27.50
		3A-2	H2	2.22	54.76	27.50
		3A-3	H2+D3	2.30	45.29	33.75
		3A-4	H2+D3+H1	2.29	74.29	27.50

注   表中 H 为低频高振；D 为高频低振；H2+D5+H1 表示高振2遍，然后低振5遍，最后高振1遍。

根据式（7）和表6数据，拟合得到不同坝料 D 与 CCV、f 的关系，见图4。可见，三种料的干密度 D 和监测指标 CCV 均有着较好的相关性，证明了 CCV 作为面板堆石坝坝料压实质量的实时监测指标是适用的。

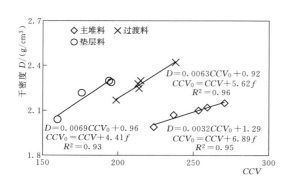

图4   干密度与 CCV 的相关性分析

6 结论

本文结合在建夹岩面板堆石坝现场碾压试验，系统地研究和分析了基于碾轮加速度频域分析的碾压实时监测指标的影响因素，以及各监测指标对于不同坝料的适用性，得出如下结论：

（1）碾压机的振动模式和碾压机行进方向对监测指标的影响较大，其实际上是碾压过程中频率变化引起的，耦合频率后的监测指标与坝料压实状态的相关性显著提高。

（2）面板堆石坝不同填筑坝料适用的监测指标不同，主堆料使用 CCV 和 RMV 效果较好，CCV、CV 或 THD 对过渡料、垫层料的适用性较好。

（3）随着填筑坝料颗粒变粗，有更多的半倍基频谐波伴随产生，故而同时包含有半倍谐波和高次谐波成分的指标 CCV 在不同坝料上均有着较好的压实表征效果。

（4）考虑到 CCV 对于各种坝料的适用性较好，推荐耦合振动频率的 CCV 指标作为面板堆石坝压实质量的实时监测指标。

本文分析与研究可为面板堆石坝料碾压质量实时监控提供合理的监控指标，有助于提高大坝碾压质量及对碾压质量的快速评估，适量减少坑测频次。此外，由于本次研究所获得的试坑样本均来源于夹岩面板堆石坝，仍需在相关类似工程中进一步试验研究以提高其分析精度。

参考文献

[1] 刘东海，高雷. 基于碾振性态的土石坝料压实质量监测指标分析与改进[J]. 水力发电学报，2018，37（4）：111-128.

[2] 聂志红，焦倓，王翔. 基于谐波平衡识别法的铁路路基连续压实指标研究[J]. 中国铁道科学，2016，37（3）：1-8.

[3] 窦鹏，聂志红，王翔. 铁路路基压实质量检测指标 CMV 与 Evd 的相关性校检[J]. 铁道科学与工程学报，2014，11（2）：90-94.

[4] RINEHART R V，MOONEY M A. Instrumentation of a Roller Compactor to Monitor Vibration

Behavior during Earthwork Compaction [J]. Automation in Construction, 2008, 17 (2): 144 - 150.

[5] 房纯纲, 程坚, 葛怀光. 采用压实计控制堆石坝碾压质量 [J]. 水利水电技术, 1989 (4): 59 - 64, 29.

[6] 甘杰贤. 振动碾压机的运行方向和偏心块旋转方向对压实效果的影响 [J]. 建筑机械, 1984 (6): 29 - 30, 28.

[7] 刘东海, 李子龙, 王爱国. 堆石料压实质量实时监测指标与碾压参数的相关性分析 [J]. 天津大学学报, 2013, 46 (4): 361 - 366.

[8] 马洪琪, 钟登华, 张宗亮, 等. 重大水利水电工程施工实时控制关键技术及其工程应用 [J]. 中国工程科学, 2011, 13 (12): 20 - 27.

[9] 杨泽艳, 周建平, 王富强, 等. 300m 级高面板堆石坝安全性及关键技术研究综述 [J]. 水力发电, 2016, 42 (9): 41 - 45, 63.

[10] 徐泽平, 邓刚. 高面板堆石坝的技术进展及超高面板堆石坝关键技术问题探讨 [J]. 水利学报, 2008, 39 (10): 1226 - 1234.

复杂环境下半盖挖车站基坑数码电子雷管爆破施工关键技术

李彦强/中国电建市政建设集团有限公司

【摘　要】　在基坑周边多为20世纪80年代浅基础房屋的复杂环境下进行半盖挖车站爆破开挖，爆破震动对房屋的结构安全存在较大威胁。本文通过深圳地铁4号线观澜站基坑爆破开挖施工，从爆破参数设计、施工组织、爆破网络、安全技术措施、震速控制等方面对复杂环境下半盖挖车站基坑爆破总结了施工经验。

【关键词】　爆破设计　施工　震速控制　安全措施

1　工程概况

深圳地铁4号线观澜站位于观澜大道与平安路交叉口，沿观澜大道呈东西向布置，为地下两层岛式站车站，台采用半盖挖法施工。车站周边环境复杂，东侧为民乐福商场，距离基坑4.7m；东侧47.5m处，有一座加油站；南侧为宝荣电器商场，距离基坑最近10m；西侧为居民楼，最近距离12.2m；北侧为居民楼。基坑深度18.5m，基底岩层为中风化碎裂岩，埋深13～15m，岩层厚度3～5m。爆破方量为5000m³，爆破工期为3个月。

2　施工重点难点

本工程周边环境复杂爆破区域距离房屋最近处仅为4.7m，且房屋基础多为20世纪80年代自建的浅基础房屋，楼层高度为4～7层。房屋老旧破损严重对爆破震动要求严格。另外，爆区周边多为居民住宅，人流较大，对爆破噪声及爆破安全防护要求严格。爆破规模需严格限制。除此之外，本工程爆破区域位于交通主干道下方，交通压力大，不能长时间对交通进行封堵，每天仅允许实施一次爆破作业。因此如何控制爆破震速与爆破安全及施工工期成为本工程的施工难题。

根据本工程具体情况采取如下措施：

（1）使用数码电子雷管微差爆破并严格控制爆破时间差，严格控制装药量，采取减震措施降低爆破振动，将爆破震速限制在1cm/s，在不影响爆破工期的前提下

追求最大爆破方量及最优爆破效果，保证爆破安全。

（2）采用严密的覆盖措施，炮孔覆盖及基坑上方安装防护设施，将爆破飞石等危害控制在安全范围内。

（3）加强警戒，制定合理的专项交通疏解及安全警戒预案，爆破前严格按照方案在安全距离处设立警戒线。

3　爆破方案设计

因本工程基坑周边环境复杂且结构支护形式为半盖挖车站，为保证周边建筑物安全及盖板支护结构的安全运行，综合考虑爆区环境、地质条件、结合现有设备和施工技术条件，在距离居民楼25m、围护结构2m范围内的车站基坑石方，拟采用静态破碎法施工，静态破碎采用液压破碎锤进行破碎作业，创造爆破施工临空作业面。

其他石方区域，拟采用钻孔直径为42mm的浅孔台阶控制爆破法施工，起爆网路拟采用数码电子雷管起爆网路。

爆破作业时，应加强周边建（构）筑物爆破振动监测和变形监测，严格控制循环进尺和爆破规模，并根据测得的数据进行分析比较，对爆破参数进行修正和优化。

3.1　爆破参数

根据本工程地质条件、周边环境、钻孔设备、炸药种类等确定爆破参数，通过爆破实验及地质构造等情况适当调整爆破参数。

（1）爆破参数计算。结果见表1。

表1 浅孔台阶松动爆破参数表（直径为42mm）

台阶高度 H/m	抵抗线 W_0/m	孔深 L/m	超深 h/m	装药长度 l/m	堵塞长度 l'/m	间距 a/m	排距 b/m	单孔装药量 Q/kg
1.0	0.8	1.3	0.3	0.4	0.9	1.0	0.8	0.32
2.0	1.0	2.4	0.4	0.9	1.5	1.1	1.0	0.88
3.0	1.2	3.4	0.4	1.8	1.6	1.2	1.2	1.73
4.0	1.2	4.4	0.4	2.6	1.8	1.3	1.2	2.50

注 表中爆破参数应根据周边环境、地质条件、爆破实验效果进行优化调整。

（2）装药量计算。单孔装药量计算公式见式（1）。

$$Q = qabH \qquad (1)$$

式中 Q——单孔装药量，kg；

q——炸药单耗，kg/m^3；

a——孔距，m；

b——排距，m。

（3）钻孔设计。基坑爆破采用$\phi42$风动凿岩机垂直钻孔，孔径为42mm，孔深为台阶高度和超深之和。

（4）炮孔布置。采用梅花形布孔，孔距、排拒按设计而定，每次布孔3~5排，布孔数量根据基坑工作面场地而定。炮孔布置示意图参见图1。

（5）装药设计。基坑爆破采用乳化炸药，装药量为1kg/m，每个炮孔按照起爆顺序的要求装1发延时雷管，起爆药包置于炮孔的中上部。在炮孔装药之后，剩下的空孔段采用黏土或石粉屑填塞密实，有水孔用直径为0.5cm的米石回填。

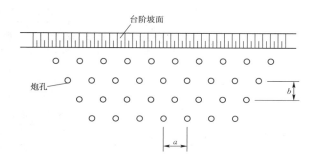

图1 炮孔布置示意图

3.2 起爆网路

基坑爆破主要采用数码电子雷管起爆网路，起爆网路如图2所示，采用铱钵起爆器起爆。

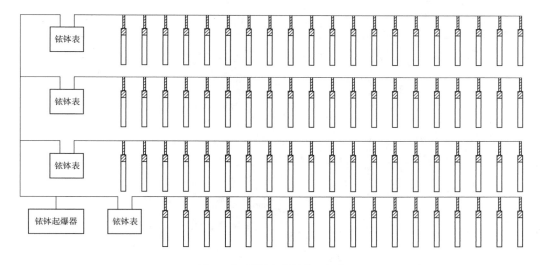

图2 电子雷管起爆网路示意图

3.3 爆破延时

爆破延时的确定需要结合多方面因素，主要有岩石特性、炸药性能、炮孔布置形式、爆破类型以及对振速的要求等。本工程岩层为中等风化碎裂岩，属Ⅳ级围岩，为整体性较差、节理发育的软岩，应力波传播速度较慢，应选定合理的时间间隔进行微差爆破；结合施工经验、周边环境及爆破实验最终确定爆破延时间隔为40～65ms。

数码雷管通过精确控制爆破延时，利用先爆炮孔为后爆炮孔创造新的自由面，后爆炮孔利用先爆炮孔提供的能量来促进介质的破碎。

本工程基坑微差爆破不同微差间隔下降振率变化曲线如图3所法。

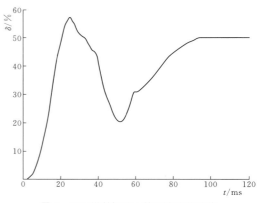

图3 不同微差间隔下降振率变化曲线

3.4 爆破炸药用量

根据主体施工分段对基坑进行施工，根据爆破中心与房屋距离计算出单段爆破最大炸药用量、结合岩面高度爆破方量、每次起爆段数单次最大炸药用量、爆破方量、爆破次数。详见表2。

表2 数码雷管爆破炸药用量计算表

部位	平均方量/m³	平均岩面高度/m	与房屋的距离/m	单段最大炸药量/m³	单孔炸药量/kg	单次最多孔数/个	单次最大炸药量/kg	单次最大爆破方量/m³	爆破次数/次	备注
1-3轴	929.2	2.000	33.7	5.04	0.800	95	75.6	189.0	13	每次起爆15段，振速1cm/s
3-5轴	1767.5	3.975	28.9	3.08	1.590	30	46.2	115.5	39	
5-7轴	1393.8	3.695	33.3	4.76	1.478	49	71.4	178.5	20	
7-9轴	1161.5	3.195	27.1	2.52	1.278	30	37.8	94.5	31	

4 施工方案

4.1 施工工艺流程

爆破作业施工工艺流程见图4。

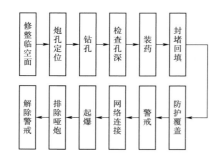

图4 爆破作业施工工艺流程图

4.2 钻孔

钻孔是确保爆破参数合理性的主要手段。爆破质量包括爆堆抛散质量、爆渣松散质量和爆渣粒径大小和比例、爆区地面平整质量。钻孔孔位和孔网误差应符合相关质量要求。

炮孔采用YT-24手持式凿岩机钻孔，炮孔施工质量应做到按设计布孔，测量定位定深，防止超钻和欠钻。钻孔作业完成后采用空压机对钻孔进行清空处理，之后对炮孔深度、间距等参数进行验收，验收合格后方可进行下一道工序。

4.3 装药

选用木棍、竹竿或塑料杆制作而成的炮棍装药。在装起爆药包的过程中禁止进行投掷冲击。

当装药接近堵塞位置时，应停止装药，测量装药位置，并按照设计要求装入数码电子雷管。在装填剩余炸药之前应作检查。当炮孔堵塞，炸药和雷管没有装上时，可采用竹竿或木质长杆处理，禁止在装药时使用手机和对讲机等电子设备，装药作业现场禁止烟火。

只有在检查了装填质量和爆震线后，才能进行堵塞。堵塞过程要小心谨慎，分层捣固，不得破坏起爆网络。禁止直接篡改与药包接触的堵塞材料或使用堵塞材料冲击爆震药包。为了保证堵塞的质量和长度，严禁出现堵塞孔或填充接触不紧密现象。

4.4 起爆

所有施工工作完成后，对整个网络进行检测，经检测合格后进入起爆工程准备阶段。根据交通疏解方案进行人员组织及交通疏导工作，做好安全警戒工作。爆破起爆工作由具备从业资格证书的专业技术人员操作。

4.5 安全防范重点

结合本工程的特点，安全防范的重点在如下几个方面：①飞石事故；②基坑坍塌、失稳事故；③振动事故；④冲击波、气浪事故；⑤爆炸物品遗失事故；⑥起重吊装事故；⑦周边建筑物出现严重变形、裂缝、倒塌事故；⑧地下管线受损、通信中断、电力管线断电等重大事故。

4.6 周边建筑物及管线安全保护措施

（1）在爆破施工前，进一步了解邻近管线情况，加强与周边设施产权单位的沟通协调工作。

（2）为保护周边管线及建筑物安全，严格控制爆破振速在 1cm/s 以内。

（3）在爆破作业过程中，严格控制单次爆破规模和同段最大起爆炸药用量，确定雷管合理间隔时间，采取减震沟等措施减少爆破震动的影响。另外需委托具备相关专业资质的爆破震动检测单位对爆破区域周边的重要建筑物和管线进行实时爆破震动监测，保证爆破震速不超标。

（4）在离爆破区域最近处需要监测的建构筑物底部混凝土地面上或者地下管线离爆破区域最近点的混凝土地面上布设检测点，检测点需根据爆破区域的变化作出相应的调整，以保证监测数据的准确性。

（5）因为本工程为半盖挖施工，对盖板支护结构同时进行监测，保证施工期间盖板结构的正常运行。

5 结语

数码雷管微差爆破技术作为一项新兴技术在爆破工程领域应用广泛，本文从爆破参数设计、施工组织、爆破网络、安全技术措施、震速控制等方面对复杂环境下半盖挖车站基坑爆破施工作了总结，通过在施工中应用数码电子雷管，有效控制了爆破震速，将爆破功效提高了 40%～50%，保证了周边建筑物及人员的安全，为工程的安全建设提供了有力保障，保证了爆破工期，降低了施工成本。

参考文献

［1］ 陈兴 . 数码电子雷管在工程爆破中的应用研究 ［D］. 北京：首都经济贸易大学，2014.

［2］ 李江 . 复杂环境下岩塞爆破装药施工关键技术 ［J］. 水利水电施工，2018（1）：8-11.

［3］ 唐跃，曹跃，罗明荣，等 . 高精度数码雷管在爆破施工降振中的应用 ［J］. 爆破，2011，28（1）：107-109.

［4］ 宋日 . 数码雷管在露天煤矿抛掷爆破技术的应用分析 ［J］. 神华科技，2010，8（1）：9-11.

《水工碾压混凝土施工规范》（DL／T 5112—2009）要点分析

田育功／中国水力发电工程学会碾压混凝土筑坝专委会

【摘　要】　我国的碾压混凝土坝采用全断面碾压混凝土筑坝技术，依靠坝体自身防渗，所以"层间结合、温控防裂"是碾压混凝土筑坝的核心技术。本文针对部分碾压混凝土坝施工过程中存在的层间结合质量较差、裂缝较多、透水率偏大、蓄水后坝体存在渗漏等现象，通过对《水工碾压混凝土施工规范》（DL/T 5112—2009）的要点内涵和关键核心技术对标分析，为全断面碾压混凝土快速筑坝技术不断创新发展提供技术支撑。

【关键词】　碾压混凝土大坝　质量问题　对标规范　要点分析　技术支撑

1　引言

《水工碾压混凝土施工规范》（DL/T 5112—2009）（以下简称《规范》）于 2009 年发布实施，距今已经 10 个年头了，对促进全断面碾压混凝土快速筑坝技术迅速发展发挥了积极作用，改变了人们对全断面碾压混凝土筑坝技术的全新认识，确立了全断面碾压混凝土筑坝技术依靠坝体自身防渗的特性，这与初期引进国外"金包银"碾压混凝土筑坝技术理念有着本质区别。我国的碾压混凝土筑坝技术经历了一个引进、消化、不断创新发展的过程，自 1986 年第一座坑口碾压混凝土坝建成以来，至 2017 年，据不完全统计，碾压混凝土坝已经达到 300 多座。2007 年龙滩（192m）、2012 年光照（200.5m）和 2015 年沙牌（拱坝 132m）分获"国际碾压混凝土坝里程碑奖"，2018 年 203m 黄登碾压混凝土重力坝全面建成，标志着我国的碾压混凝土坝从数量、类型到高度均遥居世界领先水平。

全断面碾压混凝土快速筑坝技术在我国取得巨大成就的同时，也存在一定的质量问题，个别碾压混凝土坝存在着施工质量达不到设计要求，不按规范要求施工的现象时有发生，特别是层间结合质量差，温控不达标，造成大坝建成后裂缝较多、透水率大、芯样获得率低，蓄水后坝体存在渗漏现象，不得不进行灌浆和坝体防渗处理，给大坝的质量、整体性、安全运行造成不利，直接影响到大坝按期下闸蓄水和使用效果。上述问题发生的主要原因，分析认为，除了与工程建设管理、施工队伍、监理单位等经验缺乏有关外，主要是认识水平一直停留在早期施工规范照搬西方"金包银"碾压混凝土筑坝的理念上，对《规范》要点内涵理解不确切，对全断面碾压混凝土筑坝技术"层间结合、温控防裂"核心技术掌握得不全面、不系统，以及认识模糊。当然也与个别企业一味追求利润，"节省"投资，盲目减少施工投入，不科学地缩短施工工期有关。为此，十分有必要对规范的要点内涵进行对标分析，用以提高参建各方的质量意识和技术水平。

2　要点一：人工砂的石粉含量控制

2.1　《规范》对人工砂石粉含量的控制规定

《规范》5.5.9 条文规定："人工砂的石粉（$d \leqslant 0.16$mm 的颗粒）含量宜控制在 12％～22％，其中 $d < 0.08$mm 的微粒含量不宜小于 5％。最佳石粉含量应通过试验确定。"

《规范》对人工砂石粉含量在条文说明 5.5.9 中作了进一步阐述："通过工程实践及试验证明，人工砂中适当的石粉含量，能显著改善砂浆及混凝土的和易性、保水性，提高混凝土的匀质性、密实性、抗渗性、力学指标及断裂韧性。石粉可用作掺合料，替代部分粉煤灰。适当提高石粉含量，亦可提高人工砂的产量，降低成本，增加技术经济效益。因此，合理控制人工砂石粉含量，是提高碾压混凝土质量的重要措施之一。掺加石粉含量 17.6% 的石灰岩人工砂、石粉含量 15% 的花岗岩人工砂、石粉含量 20% 的白云岩人工砂，碾压混凝土的各项性能均较优，说明不同岩性人工砂的石粉较佳含量有差异，从通用性看，碾压混凝土石粉含量宜控制在 12%～22% 之间。不同工程使用的人工砂的最佳石粉含量应通过试验确定。研究证实，石粉中小于 0.08mm 的微粒有一定的减水作用，同时可促进水泥的水化且有一定的活性。在实际生产中石粉中小于 0.08mm 的微粒含量难以超过 10%，根据龙滩、百色、大朝山等工程的生产实际，石粉中小于 0.08mm 的微粒含量可以达到 5% 以上，故规定不宜小于 5%。"

2.2 石粉含量是提高可能性和层间结合质量的关键

石粉是指颗粒小于 0.16mm 的经机械加工的岩石微细颗粒，它包括人工砂中粒径小于 0.16mm 的细颗粒和专门磨细的岩石粉末，其呈不规则的多棱体。在碾压混凝土中，石粉的作用是与水和胶凝材料一起组成浆体，填充包裹细骨料的空隙。

"浆砂比"（用"PV"表示）是碾压混凝土配合比设计的重要参数之一，具有与水胶比、砂率、用水量三大参数同等重要的作用。浆砂比是灰浆体积（包括粒径小于 0.08mm 的颗粒体积）与砂浆体积的比值，简称"浆砂比"。根据全断面碾压混凝土筑坝实践经验，当人工砂石粉含量控制不低于 18% 时，一般浆砂比 PV 值不低于 0.42。由此可见，浆砂比从直观上体现了碾压混凝土材料之间的一种比例关系，是评价碾压混凝土拌和物性能的重要指标。

大坝内部 $C_{90}15(C_{180}15)$ 三级配碾压混凝土胶凝材料用量一般在 $150～160kg/m^3$，大坝外部防渗区 $C_{90}20(C_{180}20)$ 二级配在 $190～200kg/m^3$ 范围，如果不考虑石粉含量，经计算，浆砂比 PV 值仅为 0.33～0.35，将无法满足碾压混凝土层面泛浆和防渗性能。由于大坝温控防裂要求，在不可能提高胶凝材料用量的前提下，石粉在碾压混凝土中的作用就显得十分重要，特别是小于 0.08mm 的微石粉，可以起到增加胶凝材料的效果，石粉最大的贡献是提高了浆砂体积比，保证了层间结合质量。

针对全断面碾压混凝土筑坝技术特点和大量的工程实践，建议《规范》下一步修订时，将人工砂石粉最低含量从 12% 提高到 16%，即"人工砂的石粉（$d≤0.16mm$ 的颗粒）含量宜控制在 16%～22%，其中 $d<$

0.08mm 的微粒含量不宜小于 5%。最佳石粉含量应通过试验确定。"

2.3 最佳石粉含量与控制技术措施

碾压混凝土砂中石粉含量研究成果和工程实践表明：当砂中石粉含量不低于 18% 时，碾压混凝土拌和物液化泛浆充分、可碾性和密实性好；当石粉含量低于 16% 时，碾压混凝土拌和物较差，强度、极限拉伸值等指标降低；当石粉含量高于 20% 时，随着石粉含量的增加，用水量相应增加，一般石粉含量每增加 1%，用水量相应增加约 $1.5kg/m^3$。仅举几个最佳石粉含量与精确控制技术工程实例。

（1）百色石粉替代粉煤灰技术措施。百色大坝碾压混凝土采用辉绿岩人工骨料，由于辉绿岩的特性，致使加工的人工砂石粉含量达到 22%～24%，特别是小于 0.08mm 微粒含量占到石粉的 40%（即 $d<0.08mm$ 的微粒含量达到 10% 左右）。针对石粉含量严重超标的情况，采用石粉替代粉煤灰技术创新，即当石粉含量大于 20% 时，对大于 20% 以上的石粉采用替代粉煤灰 24～32kg/m³ 技术措施，解决了石粉含量过高和超标的难题，同时也取得了显著的经济效益。百色石粉替代粉煤灰技术即"辉绿岩人工砂石粉在 RCC 中的利用研究"课题荣获 2015 年度中国电力科学技术三等奖。

（2）光照粉煤灰代砂技术措施。光照大坝碾压混凝土针对灰岩骨料人工砂石粉含量在 15% 左右波动，达不到最佳石粉含量 18% 的要求，采用粉煤灰 1:2 代砂（质量比）技术措施。该措施操作方便简单，有效解决了人工砂石粉含量不足的问题，保证了碾压混凝土施工质量。

（3）金安桥外掺石粉代砂技术措施。金安桥大坝碾压混凝土采用弱风化玄武岩人工粗细骨料，加工的人工砂石粉含量平均 12.7%，不满足人工砂石粉含量 16%～22% 的设计要求。为此，金安桥大坝碾压混凝土采用外掺石粉代砂技术措施。石粉为水泥厂石灰岩加工，石粉按照 II 级粉煤灰技术指标控制。当人工砂石粉含量达不到设计要求时，以石粉代砂提高人工砂石粉含量，二级配、三级配分别提高石粉含量至 18% 和 19%，有效改善碾压混凝土的性能。同时对外掺石粉代砂进行精确控制，即在碾压混凝土拌和生产时，用当班实际检测的人工砂石粉含量与石粉控制指标的差额确定石粉的代砂量，避免了人工砂石粉含量的波动。

3 要点二：碾压混凝土拌和物 VC 值动态选用和控制

3.1 《规范》对 VC 值的动态选用和控制要求

《规范》6.0.4 条文规定："碾压混凝土拌和物的 VC

值现场宜选用2～12s。机口VC值应根据施工现场的气候条件变化，动态选用和控制，宜为2～8s。"

规范对VC值动态选用和控制在条文说明6.0.4中作了进一步阐述："VC值的大小对碾压混凝土的性能有着显著的影响，本条根据近年来大量工程实践，现场VC值在2～12s比较适宜，参见表1（指《规范》条文说明第38页表1），在满足现场正常碾压的条件下，VC值可采用低值。现场控制的重点是VC值和初凝时间，VC值是碾压混凝土可碾性和层间结合的关键，应根据气温条件的变化及时调整出机口VC值。汾河二库，在夏季气温超过25℃时VC值采用2～4s；龙首针对河西走廊气候干燥蒸发量大的特点，VC值采用0～5s；江垭、棉花滩、蔺河口、百色、龙滩等工程，当气温超过25℃时VC值大都采用1～5s。由于采用较小的VC值，使碾压混凝土入仓至碾压完毕有良好的可碾性，并且在上层碾压混凝土覆盖以前，下层碾压混凝土表面仍能保持良好塑性。VC值的控制以碾压混凝土全面泛浆和具有'弹性'，经碾压能使上层骨料嵌入下层混凝土为宜。"

3.2 碾压混凝土VC值历次修改情况

20世纪80年代初，我国引进碾压混凝土筑坝技术时，同时引进了国外"金包银"大VC值的碾压混凝土筑坝技术理念，也就是VC值采用（20±5）s。我国的全断面碾压混凝土筑坝技术建立在引进消化、发展、创新的基础上，经过多年的研究和工程实践，对VC值的选用和控制不断进行修改。1986年《水工碾压混凝土施工暂行规定》（SDJ 14—86）中规定"VC值以15～25s为宜"；1994年《水工碾压混凝土施工规范》（SL 53—94）中明确为"机口VC值宜在5～15s范围内选用"；在2000版《水工碾压混凝土施工规范》（DL/T 5112—2000）中进一步修改为"碾压混凝土拌和物的设计工作度（VC值）可选用5～12s，机口VC值应根据施工现场的气候条件变化，动态选用和控制，机口值可在5～12s范围内"；第四次修编的2009版规范规定"碾压混凝土拌和物的VC值现场宜选用2～12s。机口VC值应根据施工现场的气候条件变化，动态选用和控制，宜为2～8s"。应该说四次修改，一次比一次更体现了水工碾压混凝土的特性，突出了全断面碾压混凝土筑坝技术的特点。

3.3 水工碾压混凝土定义的内涵

我国的历次水利及电力行业标准均把碾压混凝土定义为"指将干硬性的混凝土拌和料分薄层摊铺并经振动碾压密实的混凝土""碾压混凝土是干硬性混凝土""碾压混凝土是用振动碾压实的干硬性混凝土""碾压混凝土特别干硬"等，这与早期引进国外碾压混凝土坝"金包银"的大VC值［（20±10）s、15～25s］的理念有关。

我国采用全断面碾压混凝土筑坝技术，碾压混凝土配合比设计技术路线具有"两低、两高、双掺"的特点，即低水泥用量、低VC值、高掺掺合料、高石粉含量、掺缓凝高效减水剂和引气剂的技术路线，显著改善了碾压混凝土拌和物性能。对新拌碾压混凝土拌和物进行初步判定，通常采用手捏或脚踩是否能形成泥团状，作为判定拌和物液化泛浆最简单行之有效的测试方法，现场碾压以层面全面泛浆且不陷碾为原则（陷碾与骨料品种有关）。可以说，碾压混凝土拌和物VC值的修改集中反映了多年来全断面碾压混凝土施工实践成果，所以，水工碾压混凝土应确切定义应为："碾压混凝土是指将无坍落度的亚塑性混凝土拌和物分薄层摊铺并经振动碾碾压密实且层面全面泛浆的混凝土。"水工碾压混凝土定义的内涵对提高碾压混凝土坝的防渗性能、抗滑稳定和整体性能具有十分重要的现实意义。

针对全断面碾压混凝土筑坝技术特点和大量的工程实践，建议规范下一步修订时进一步降低VC值范围，即"碾压混凝土拌和物的VC值现场宜选用2～8s。机口VC值应根据施工现场的气候条件变化，动态选用和控制，宜为1～5s"。

4 要点三：基岩面上直接铺筑小骨料混凝土或富砂浆混凝土

4.1 《规范》对垫层混凝土的施工要求

《规范》7.1.4条文规定："基础块铺筑前，应在基岩面上先铺砂浆，再浇筑垫层混凝土或变态混凝土，也可在基岩面上直接铺筑小骨料混凝土或富砂浆混凝土。除有专门要求外，其厚度以找平后便于碾压作业为原则。"

《规范》对垫层混凝土的施工在条文说明7.1.4中作了进一步阐述："在凹凸不平的基岩面上，不便于进行碾压混凝土的铺筑和碾压施工，因此应浇筑一定厚度的垫层混凝土或变态混凝土，达到找平的目的。近年来的施工实践表明，碾压混凝土完全可以达到与常态混凝土相同的质量和性能，因此找平层不宜太厚，以迅速转入碾压混凝土施工，对温控和施工进度都有利。"

这方面的施工技术主要是引进常态混凝土大坝的施工经验，例如最新修订的《水工混凝土施工规范》（DL/T 5144—2015和SL 677—2014）规定："新浇筑混凝土与基岩或混凝土施工缝面应结合良好，第一坯层可浇筑强度等级相当的小一级配混凝土、富浆混凝土或铺设高一强度等级的水泥砂浆。"从三峡工程大坝开始，基岩面垫层料基本采用二级配、三级配富浆混凝土，已经在拉西瓦、向家坝、小湾、溪洛渡、白鹤滩等大坝工程中普遍应用。

4.2 垫层与碾压混凝土同步快速施工技术

大坝的基础建立在凹凸不平的基岩面上，碾压混凝土铺筑前均设计一定厚度的垫层混凝土，达到找平和固结灌浆的目的，然后才开始碾压混凝土施工。由于垫层采用常态混凝土浇筑，一是垫层混凝土强度高（一般不小于C25），水泥用量大，对基础强约束混凝土温控十分不利；二是垫层混凝土浇筑仓面小，模板量大，施工强度低，浇筑完备后，需要等候一定龄期，然后继续固结灌浆。所以垫层混凝土的浇筑已成为制约碾压混凝土快速施工的关键因素之一。

近年来的施工实践表明，碾压混凝土完全可以达到与常态混凝土相同的质量和性能，在基岩面起伏不大时，可以直接采用低坍落度常态混凝土找平基岩面后，立即采用碾压混凝土同步跟进浇筑，可明显加快基础垫层混凝土施工。一般基础垫层混凝土大都选择冬季或低温时期浇筑，取消基础垫层常态混凝土，在低温时期采用垫层混凝土与碾压混凝土同步快速浇筑技术，可以有效控制基础温差，加快固结灌浆进度，对温控和施工进度十分有利。

例如，百色碾压大坝基础采用垫层与碾压混凝土同步施工技术。2002年12月28日，百色碾压混凝土重力坝基础垫层采用常态混凝土找平后，碾压混凝土立即同步跟进浇筑，由于碾压混凝土高强度快速施工，利用了最佳的低温季节很快完成基础约束区垫层混凝土浇筑，温控措施大为简化。基础固结灌浆则安排在6—8月高温期大坝碾压混凝土不施工的时段进行，仅仅只是增加了部分钻孔费用。2003年8月，钻孔取芯样至基岩，芯样中基岩、常态混凝土、碾压混凝土层间结合紧密，强度满足设计要求。

同样，几内亚苏阿皮蒂碾压混凝土重力坝基岩面验收合格后，针对较平整的基岩面，直接铺筑常态混凝土后，碾压混凝土立即跟进铺筑，有效加快了施工进度，提高了大坝的整体性能。

5 要点四：斜层碾压是缩短层间间隔时间的有效措施

5.1 斜层碾压《规范》规定

《规范》7.5.1条文规定："碾压混凝土宜采用大仓面薄层连续铺筑，铺筑方法宜采用平层通仓法，也可采用斜层平推法。铺筑面积应与铺筑强度及碾压混凝土允许层间间隔时间相适应。"

《规范》7.5.2条文规定："采用斜层平推法铺筑时，层面不得倾向下游，坡度不应陡于1：10，坡脚部位应避免形成薄层尖角。施工缝面在铺浆（砂浆、灰浆或小骨料混凝土）前应严格清除二次污染物，铺浆后应立即

覆盖碾压混凝土。"

《规范》7.5.3条文规定："碾压混凝土铺筑层应以固定方向逐条带铺筑。坝体迎水面3m～5m范围内，平仓方向应与坝轴线方向平行。"

以上三条《规范》规定的平仓碾压方法是保证全断面碾压混凝土质量的关键措施。

5.2 斜层碾压的要点

采用斜层碾压的目的主要是减小铺筑碾压的作业面积，缩短层间间隔时间。斜层碾压显著的优点就是在一定的资源配置情况下，可以浇筑大仓面，把大仓面转换成面积基本相同的小仓面，这样可以极大地缩短碾压混凝土层间间隔时间，提高混凝土层间结合质量，节省机械设备、人员的配备及大量资金投入。特别是在气温较高的季节，采取斜层碾压施工方法效果更为明显。同时也有利于雨季、次高温施工，可以把碾压混凝土层间间隔时间始终控制在允许的范围内。

根据江垭、百色、龙滩、光照、金安桥、瓦村、苏阿皮蒂等多个工程的实践，斜层坡度控制在1：10～1：15时，即每层铺筑时水平面碾压混凝土摊铺延伸不得小于3m，这样斜层坡度不会小于1：10。坡度过陡，不易保证铺料厚度均匀和碾压质量，而且振动碾上坡时必须加快速度，否则容易打滑、陷碾，导致上坡困难，碾压质量不易保证。

6 要点五：振动碾行走速度、碾压厚度及碾压遍数

6.1 《规范》对振动碾行走速度的要求

《规范》7.6.3条文规定："振动碾的行走速度应控制在1.0km/h～1.5km/h。"

《规范》对振动碾行走速度在条文说明7.6.3中进一步阐述："碾压施工时振动碾的行走速度直接影响碾压效率及压实质量。行走速度过快压实效果差，过慢振动碾易陷碾并降低施工强度。适当增加碾压遍数时，速度可达到规范的上限1.5km/h。"

采用全断面碾压混凝土筑坝技术，其实质只是改变了碾压混凝土配合比和施工工艺而已，碾压混凝土符合水胶比定则，具有与常态混凝土相同的性能。由于碾压混凝土是无坍落度的亚塑性混凝土，采用振动碾对碾压混凝土进行碾压密实，其实质是振动碾碾压替代了振动棒振捣。目前的新拌碾压混凝土已经成为可振可碾的混凝土，所以必须高度关注振动碾的行走速度，振动碾的行走速度应严格控制在1.0～1.5km/h范围内。大量工程实践表明，振动碾行走速度过快，对混凝土密实性影响极大。

根据大量的工程实践，导致碾压混凝土芯样气孔多

和不密实的原因如下：一是料源有问题，施工配合比设计有缺陷或与石粉含量偏低有关；二是拌和时间未按照要求进行，拌和时间过短；三是振动碾行走速度过快和碾压遍数不够，这也是导致混凝土气孔过多的主要原因。这里需要说明是，目前碾压混凝土大都采用大通仓斜层碾压，斜层碾压振动碾上坡时，行走速度必须加快，有时还需要曲线上坡，故对行走速度不作要求。但下坡碾压时，振动碾应严格控制在 1.0～1.5km/h 范围，以保证混凝土密实性。

这方面犹如大坝常态混凝土浇筑主要采用振动棒或振捣机（振捣台车）进行振捣一样，水工混凝土施工规范规定：常态混凝土振捣时间以混凝土粗骨料不再显著下沉并开始泛浆为准，避免漏振、欠振或过振。采用振捣机振捣时，振捣棒组应垂直插入混凝土中，振捣完毕应慢慢拔出。同理，振动碾对碾压混凝土进行碾压振捣，严格控制行走速度，碾压后的混凝土应全面泛浆和具有弹性，经碾压能使上层骨料嵌入下层混凝土为宜，以保证层间结合质量。

6.2 《规范》对碾压厚度及碾压遍数的要求

《规范》7.6.4 条文规定："施工中采用的碾压厚度及碾压遍数宜经过试验确定，并与铺筑的综合生产能力等因素一并考虑。根据气候、铺筑方法等条件，可选用不同的碾压厚度。碾压厚度不宜小于混凝土最大骨料粒径的 3 倍。"

《规范》对碾压厚度及碾压遍数在条文说明 7.6.4 中进一步阐述："不同振动碾所能压实的厚度不同，同一配合比的拌和物对于不同振动碾所需的压实遍数也不同。碾压厚度和碾压遍数可通过现场试验并结合生产系统的综合生产能力确定，施工中根据条件采用不同的碾压厚度，有利于满足对层间间隔时间的要求。碾压厚度若小于最大骨料粒径的 3 倍，则最大粒径骨料将影响压实效果，骨料易被压碎。"

6.3 提高碾压层厚度技术创新探讨

碾压混凝土筑坝技术特点与常态混凝土柱状浇筑方式完全不同。碾压混凝土施工采用通仓薄层摊铺碾压的浇筑方式，碾压层厚度一般每 30cm 一层，这样一个 100m 高度的碾压混凝土坝，就有 333 个层缝面，这样众多的层缝面极易形成渗水通道，所以"层间结合、温控防裂"是全断面碾压混凝土筑坝的核心技术。采用全断面碾压混凝土施工，往往几个甚至数十个坝段连成一个大仓面，碾压混凝土摊铺碾压基本采用斜层法碾压施工，实际斜层碾压摊铺往往突破 30cm 层厚，40～50cm 层厚已经屡见不鲜。如果提高碾压层厚度至 40cm 或 50cm，这样一个 100m 高度的碾压混凝土坝，其层缝面就可降低到 250 个或 200 个，施工层缝面的显著减少，可以有效减少薄弱的层缝面渗水通道，同时也明显

加快碾压混凝土施工速度。所以，随着碾压工艺的提高，模板质量的加强，对传统的 30cm 碾压层厚要有所创新、有所突破，积极探索。

例如沙沱四级配碾压混凝土工程。2010 年沙沱在坝体内部采用四级配碾压混凝土增厚铺层试验，碾压层厚为 40cm、50cm、60cm。试验结果表明：碾压层厚可以提高至 40cm、50cm、60cm，甚至更厚，均可达到设计要求。碾压层厚可以按照大坝的下部、中部、上部实行不同的碾压厚度，提高碾压厚度试验为探讨突破 30cm 碾压层厚提供技术支撑。碾压层厚的提高，需要对模板刚度及稳定性、振动碾质量及激振力、核子密度仪检测深度等相匹配课题进行配套深化研究，取得可靠成果后方可推广使用。

7 要点六："变态混凝土"实质是"加浆振捣混凝土"

7.1 变态混凝土定义与防渗区施工

采用全断面碾压混凝土筑坝技术，大坝防渗区部位、模板周边、岸坡、廊道、孔洞及设有钢筋的部位摊铺的碾压混凝土，振动碾无法直接碾压施工，为此这些部位通常采用加浆振捣的方式进行施工，即通过在碾压混凝土中加入灰浆，将其改变为常态混凝土，然后采用振捣器进行振捣施工，这样可以明显减少对碾压混凝土的施工干扰。

所以，《规范》7.10.1 条文规定："变态混凝土应随碾压混凝土浇筑逐层施工，铺料时宜采用平仓机辅以人工两次摊铺平整，灰浆宜洒在新铺碾压混凝土的底部和中部。也可采用切槽和造孔铺浆，不得在新铺碾压混凝土的表面铺浆。变态混凝土的铺层厚度宜与平仓厚度相同，用浆量经试验确定。"

《规范》对变态混凝土在条文说明 7.10.1 中作了进一步阐述："变态混凝土是在碾压混凝土摊铺施工中，铺洒灰浆而形成的富浆碾压混凝土，可以用振捣的方法密实，应随着碾压混凝土施工逐层进行。变态混凝土已获得广泛应用，效果都比较好。根据施工实践，铺洒灰浆的碾压混凝土的铺层厚度可以与平仓厚度相同，以减少人工作业量，提高施工效率。为保证变态混凝土的施工质量，可以通过人工辅助，两次铺料。加浆量应根据具体要求经试验确定，与 VC 值大小有关，一般灰浆加浆量为混凝土量的 5%～6%。"

大坝上游坝面防渗区受模板拉筋的制约影响，高坝横缝止水一般为"两铜一橡胶"，致使变态混凝土施工区域宽度往往大于设计要求的宽度。实际施工中变态混凝土的灰浆浓度、加浆方式、振捣方式主要依靠人工进行施工，控制难度极大，质量难以保证。特别是灰浆的

加浆量要求为 $50\sim60L/m^3$，人工为了振捣，实际加浆量只会多不会少，灰浆加多极易引起坝面表面裂缝的发生。止水部位采用变态混凝土施工，一是容易造成止水位移过大；二是止水部位变态混凝土不易振捣密实；三是不经济。止水部位采用变态混凝土施工往往是坝体渗漏的主要原因之一。实际工程中已经在防渗区采用常态混凝土与碾压混凝土同步施工技术，即在拌和楼采用机拌变态混凝土与现场变态混凝土同时交叉施工。

7.2 变态混凝土实质是加浆振捣混凝土

变态混凝土是中国采用全断面碾压混凝土筑坝技术的一项重大技术创新。变态混凝土是在碾压混凝土摊铺施工中铺洒灰浆而形成的富浆混凝土，采用振捣器的方法振捣密实，所以变态混凝土应确切定义为"加浆振捣混凝土"。

关于全断面碾压混凝土筑坝技术中的变态混凝土，早期又称为改性混凝土，不易理解，而且极易造成误解。虽然变态混凝土列入了规范条文，按照实际施工情况变态混凝土应确切定义为加浆振捣混凝土，原因有两个：一是与英文对应，去掉变态这一个负面词；二是变态混凝土定义为加浆振捣混凝土，表述直观，切合实际，用词准确。变态混凝土定义为"加浆振捣混凝土"对提高防渗区质量和"走出去"战略有着重要的现实意义。

8 要点七："层间结合、温控防裂"是碾压混凝土筑坝关键核心技术

8.1 《规范》目次施工章节分析

《规范》目次"7 施工"章节包括：7.1 铺筑前准备；7.2 拌和；7.3 运输；7.4 模板；7.5 卸料和平仓；7.6 碾压；7.7 成缝；7.8 层面、缝面处理；7.9 异种混凝土浇筑；7.10 变态混凝土施工；7.11 高温干燥季节施工；7.12 低温季节施工；7.13 雨季施工；7.14 埋件施工；7.15 养护。从规范目次可以看出，施工章节包括了高温干燥季节施工和低温季节施工，而其关键核心技术"碾压混凝土温度控制"未单独成章。

早期碾压混凝土坝大多为高度较低的中低坝，施工充分利用低温季节和低温时段，大都不采取温控措施。但是近年来，由于碾压混凝土坝高度和体积的增加，为了赶工或缩短工期，高温季节、高温时段或低温季节连续浇筑碾压混凝土已成惯例。这样碾压混凝土温度控制技术路线与常态混凝土温度控制措施基本相同，已经和常态混凝土坝没有什么区别。

采用全断面碾压混凝土筑坝技术，依靠坝体自身防渗，碾压混凝土符合水胶比定则，其性能与常态混凝土相同。为此建议《规范》下一步修订时，碾压混凝土层

间结合、温度控制、低温季节施工等应单列成章，具体章节可参考《水工混凝土施工规范》（SL 677—2014 和 DL/T 5144—2015）目次。

8.2 碾压混凝土温控特点分析

碾压混凝土虽然水泥用量少，粉煤灰等掺和料掺量大，极大地降低了混凝土的发热量，但碾压混凝土的水化热放热过程缓慢、持续时间长。碾压混凝土施工采用全断面通仓薄层摊铺、连续碾压上升，且坝体不设置纵缝，横缝不形成暴露面，主要靠层面散热，散热过程大大延长。人们曾经一度认为碾压混凝土坝不存在温度控制问题，后来大量的工程实践和研究结果表明，碾压混凝土坝同样存在着温度应力和温度控制问题。

混凝土是一种不良导温材料，水泥水化热产生的热量增加速率远远大于扩散速率，因此混凝土内部温度升高。由于材料的热胀冷缩性质，内部混凝土随时间逐渐冷却而收缩。但这种收缩受到周围混凝土的约束，不能自由发生，从而产生拉应力，当这种拉应力超过混凝土的抗拉强度时，就产生裂缝。因此，为了减少混凝土中的温度裂缝，必须控制坝体内部混凝土的最高温升。大量的试验研究结果表明，混凝土浇筑温度越高，水泥水化热化学反应越快，温度对混凝土水化热反应速率的影响进一步加重了温度裂缝问题的严重性。所以，温度是导致大坝混凝土产生裂缝的主要原因。

另外，气温年变化和寒潮也是引起大坝裂缝的重要原因，它们对碾压混凝土和常态混凝土的影响是相同的，实际上我国已建成的碾压混凝土坝中也出现了裂缝。因此，防止环境温度变化和内外温差过大产生表面裂缝，是碾压混凝土坝防裂的一个核心问题。

碾压混凝土温度控制的目的，就是防止大坝内外温差过大引起的温度应力造成裂缝。因为大坝是重要的挡水建筑物，不允许渗漏，裂缝对大坝的安全性和长期耐久性将产生十分不利的影响。

8.3 降低仓面局部气温的要点分析

《规范》7.11.4 条文规定："高温季节施工，根据配置的施工设备的能力，合理确定碾压仓面的尺寸、铺筑方法，宜安排在早晚夜间施工，混凝土运输过程中，采用隔热遮阳措施，减少温度回升，采用喷雾等办法，降低仓面局部气温。"

《规范》在条文说明 7.11.4 中又作了进一步阐述："仓面喷雾是降低仓面局部气温、保持湿度的有效措施，要注意雾化效果，不能形成水滴。"不能形成水滴的目的是不能改变混凝土的配合比，降低混凝土的质量。

在高温季节、多风和干燥气候条件下施工，碾压混凝土表面水分蒸发迅速，其表面极易发白和温度升高。采取喷雾保湿措施，可以使仓面上空形成一层雾状隔热层，让仓面混凝土在浇筑过程中减少阳光直射强度，是

降低仓面环境温度和降低混凝土浇筑温度回升十分重要的温控措施。仓面喷雾保湿不但直接关系到碾压混凝土可碾性、层间结合，最主要的是可以改变仓面小气候，可有效降低仓面温度 4～6℃，对温控十分有利。一般浇筑温度上升 1℃，坝内温度相应上升 0.5℃。

喷雾可以采用人工喷雾，也可以采用喷雾机。不论是人工或机械喷雾，要求喷出的雾滴一般为 40～100μm，保证仓面形成白色雾状。采用喷毛枪代替喷雾枪喷雾，仓面极容易形成下雨现象，混凝土表面易形成积水（喷雾不是下小雨）。如果要采用喷毛枪进行喷雾，需要对喷毛枪的喷嘴进行改装，安装喷雾喷嘴即可代替喷毛枪进行喷雾。这里需要注意的是：正在碾压的混凝土，不允许对其碾压条带进行喷雾，更不允许在振动碾的碾碾上喷水。碾压混凝土全面泛浆是指振动碾碾压后从混凝土中提出的一层浆液，这是评价层间结合质量的关键所在。

比如金安桥大坝碾压混凝土施工观测资料表明：白天 14：00 入仓的预冷碾压混凝土，入仓温度经检测未超过 17℃，但未进行喷雾保湿，在阳光的照射下，1h 之后碾压混凝土温度上升至 23℃，即浇筑温度比入仓温度增加了 6℃。测温结果表明，入仓后的碾压混凝土如果不及时进行喷雾保湿覆盖，在高温时段经太阳暴晒的碾压混凝土蓄热量很大，导致预冷碾压混凝土浇筑温度上升很快，严重超标。观测数据显示，超过浇筑温度的碾压混凝土坝内温度比低温时期或喷雾保湿后的碾压混凝土温度约高出 3～5℃，对大坝温控是十分不利的。

喷雾保湿是碾压混凝土层间结合和温度控制极其重要的环节和保证措施，绝不能掉以轻心。在施工过程中，由于个别施工单位质量意识淡薄，监理工程师监督放任自流，致使仓面喷雾保湿不到位，大坝蓄水后坝体层面渗漏严重，在这方面的教训是惨痛的。

8.4 "温控防裂"关键核心技术分析

碾压混凝土坝与常态混凝土坝的温度荷载有所不同，碾压混凝土坝的温度荷载对设计具有复杂性。由于碾压混凝土坝采用全断面薄层通仓摊铺、连续碾压上升，施工期碾压混凝土水化热温升所产生的温度应力因坝体温降过程漫长，将长期影响碾压混凝土坝的应力状态。温度荷载是大坝温度变化引起的一种特殊荷载。温度荷载、水（沙）压力、自重、渗透压力以及地震力是坝体的五种主要荷载。温度荷载具有一些特殊性：一方面是混凝土因温度压力过大而裂开后，约束条件就改变，温度应力也就消除或松弛；另一方面是温度应力取决于很多因素，尤其是碾压混凝土施工中的许多因素，例如浇筑时段、施工进度、温控措施、施工工艺等。所以，设计计算得到的温度应力与实际施工中的温度控制效果存在着一定差异。

碾压混凝土温度控制费用不但投入大，而且已经成为制约碾压混凝土快速施工的关键因素之一，对碾压混凝土坝的温度控制标准、温度控制技术路线需要提出新的观点，进行技术创新研究，打破温度控制的僵局和被动局面，使碾压混凝土快速筑坝与温控防裂措施达到一个最佳的结合点，为碾压混凝土快速筑坝提供科学、合理的技术支撑。

谭靖夷院士在 2009 年 7 月"水工大坝混凝土材料与温度控制学术交流会"上发言指出：由于混凝土抗裂安全系数留的余地较小，而且在混凝土抗裂方面还存在一些不确定因素，因此还应在施工管理、冷却制度、冷却工艺等方面采取有效措施，以"小温差、早冷却、慢冷却"为指导思想，尽可能减小冷却温降过程中的温度梯度和温差，以降低温度徐变应力。此外，还要注意表面保护，使大坝具有较大的实际抗裂安全度。

9 结语

（1）采用全断面碾压混凝土筑坝技术，依靠坝体自身防渗，只是改变了混凝土配合比设计和施工工艺而已，碾压混凝土实质是无坍落度的亚塑性混凝土，符合水胶比定则。

（2）人工砂最佳石粉含量控制在 18％～20％时，可以有效提高浆砂体积比，能显著改善碾压混凝土的工作性、匀质性、密实性、抗渗性和力学指标等性能。

（3）VC 值是新拌碾压混凝土极为重要的控制指标，VC 值的控制以碾压混凝土全面泛浆和具有"弹性"，经碾压能使上层骨料嵌入下层混凝土为宜。

（4）基岩面垫层采用常态混凝土找平，迅速转入碾压混凝土同步施工，对加快施工进度和提高大坝的整体性能十分有利。

（5）斜层碾压有效减小了铺筑碾压的作业面积，在一定的资源配置情况下，把大仓面转换成面积基本相同的小仓面，极大地缩短碾压混凝土层间间隔时间，提高了混凝土层间结合质量。

（6）控制振动碾行走速度是提高碾压混凝土密实性的关键；提高碾压层厚可以有效减少碾压混凝土层缝面，对提高坝体的防渗性能、抗滑稳定和整体性能十分有利。

（7）变态混凝土应确切定义为加浆振捣混凝土。防渗区和止水部位施工条件允许时，可以在拌和楼采用机拌变态混凝土与现场变态混凝土同时交叉施工，可以有效防止坝体渗漏。

（8）碾压混凝土坝同样存在着温度应力和温度控制问题。建议《规范》下一步修订时，碾压混凝土层间结合、温度控制等应单列成章，为碾压混凝土筑坝层间结合、温控防裂关键核心技术提供支撑。

参考文献

［1］ 水工碾压混凝土施工规范：DL/T 5112—2009［S］.
北京：中国电力出版社，2009.

［2］ 碾压混凝土坝设计规范：SL 314—2004［S］. 北京：
中国水利水电出版社，2005.

［3］ 田育功. 碾压混凝土快速筑坝技术［M］. 北京：中
国水利水电出版社，2010.

［4］ 田育功，郑桂斌，于子忠. 水工碾压混凝土定义对
坝体防渗性能的影响分析［M］//中国碾压混凝土
筑坝技术 2015. 北京：中国环境出版社，2015.

龙开口碾压混凝土重力坝施工关键技术研究

周洪云/中国水电第八工程局有限公司

【摘　要】 龙开口水电站是碾压混凝土重力坝，地处干热河谷，工程具有抗震设防等级高、坝体形体复杂孔洞多、坝基遇到罕见地质缺陷深槽、人工骨料处理难度大的特点和难题。本文论述了针对相关问题而采取的多项关键技术研究成果，可供类似工程参考借鉴。

【关键词】 碾压混凝土重力坝　防震等级高　干热河谷　坝体复杂多孔　地质深槽　关键技术

1　工程概况

龙开口水电站位于金沙江中游、云南省大理白族自治州与丽江市交界的鹤庆县朵美乡龙开口村河段上，电站装机规模为 180 万 kW，枢纽工程主要由挡水建筑物、泄洪冲沙建筑物、右岸坝后式引水发电系统及左右岸灌溉取水口等建筑物组成。

拦河大坝为碾压混凝土重力坝，坝顶高程 1303.00m，最大坝高 116m，坝顶长度 768m，共分 30 个坝段。泄洪建筑物位于主河床，由 5 个溢流表孔和 4 个泄洪中孔组成。引水建筑物布置于泄洪建筑物右侧，由坝式进水口和坝后背管组成。坝体还布置有冲沙和灌溉取水建筑物。

大坝混凝土施工高峰月混凝土浇筑强度 22 万 m³，高峰年混凝土浇筑量 181 万 m³，如何在干热河谷区域、坝体形体复杂且多孔洞、坝基遇到罕见地质缺陷深槽等条件下优质完成大坝碾压混凝土施工，是确保龙开口大坝工程如期完工的关键。

2　施工条件

2.1　水文气象条件

龙开口水电站位于金沙江中游，坝区属亚热带边缘气候，工程附近的华坪气象站多年平均气温 19.8℃，各月平均气温在 11.7～25.6℃ 之间，极端最高气温为 41.8℃，极端最低温度为 −2.1℃，多年平均相对湿度 61%，多年平均蒸发量 2778.7mm，实测定时最大风速 32.7m/s，多年平均风速 1.8m/s，主风向为东南风。

2.2　坝址地形条件

坝址区河道顺直，地形开阔，主河床位于左岸，右岸为宽阔缓坡台地，利于临建设施及施工道路的布置。

2.3　坝型设计布置条件

大坝坝顶长度 768m，共分 30 个坝段，坝体结构设计复杂，孔洞繁多。

2♯～8♯坝段为左岸挡水坝段，6♯、7♯坝段为导流底孔坝段，各布置有一个 10m×14m（宽×高）的导流底孔，底槛高程为 1214.50m；10♯～12♯坝段为溢流表孔坝段，采用 5 孔 13m×20m 的开敞式溢流表孔泄洪；9♯ 和 13♯坝段为泄洪中孔坝段，每坝段布置两孔泄洪中孔，孔口尺寸 5m×8m，底高程为 1238.00m；坝式进水口布置在 14♯～18♯厂房坝段，坝式进水口为深式短管压力式，单机单管，共设 5 个进水孔道；19♯坝段为冲沙底孔坝段，冲沙底孔尺寸为 3m×5m，孔底高程为 1224.60m；灌溉取水口分别布置在 1♯坝段和 30♯坝段，1♯坝段灌溉取水口孔口尺寸为 2m×2.5m，30♯坝段灌溉取水口孔口尺寸为 1.5m×2.0m，底高程为 1287.5m；20♯～29♯坝段为右岸挡水坝段。

2.4　天然建材条件

原定的大菁沟忠义村料场玄武岩粗骨料加金河白云岩细骨料的组合料源方案难以满足施工要求，最终选定燕子崖砂石料场白云岩料源方案。

3 施工难点

3.1 干热河谷大体积混凝土温控压力大

龙开口多年平均气温约 19.8℃，4—9 月为高温季节，多年平均相对湿度 61%，1—4 月平均相对湿度 21%～38%，为典型的干热河谷。在高温、干燥、大风、强日光照射的气象条件下进行大坝碾压混凝土施工，其层间结合及温控防裂控制难度较大。厂房坝段及溢流坝段等部位碾压混凝土单个施工仓面面积大（最大仓面面积达 1 万 m²），高峰期多个大面积碾压混凝土仓面同时施工，加大了碾压混凝土温控难度。

3.2 坝体孔洞多，入仓方式难以集中布置

坝体孔洞多：厂房坝段有 5 个进水口，泄洪坝段有 4 个泄洪中孔，溢流坝段有 5 个溢流表孔，深孔坝段有 1 个冲沙底孔，导流缺口坝段有 2 个导流底孔，取水口坝段有 2 个灌溉取水口。这些孔洞均布置了钢衬（压力钢管）、闸门及启闭机等金属结构和机电设备。受形体复杂、孔洞多的影响，不同坝体的碾压与常态混凝土分界高程不一样，为碾压混凝土入仓及混凝土立模增加了难度。

3.3 罕见深槽给大坝施工造成干扰

在大坝溢流坝段坝基开挖阶段发现重大深槽地质缺陷：深槽呈南北向，深槽及其两侧岩壁陡立，形态复杂，延展起伏；槽穴大小不一、形态各异。深槽尺寸如下：深度约为 40m，宽度为 30～56m，长度约为 150m，贯穿整个坝基。溢流坝段为大坝工程施工的关键线路，罕见深槽地质缺陷处理给大坝施工造成了干扰。

3.4 工程抗震设防等级高

根据中国地震局审定并批复的《金沙江龙开口水电站工程场地地震安全性评价和水库诱发地震评价报告》，坝址区区域地震基本烈度为Ⅷ度，相应的 50 年超越概率 10%、5% 和 100 年超越概率 2% 的基岩水平动峰值加速度，分别为 181.8gal、240.3gal 和 394.1gal。

工程大坝等挡水建筑物按 9 度设防，在国内外同类工程中动峰值加速度属前列。

3.5 人工骨料处理难度大

（1）石料开采场与骨料生产系统高差大，水平距离近。燕子崖石料场高程为 2000.00～2400.00m，地形陡峻，与山坡下的骨料生产系统垂直高差约 850m，水平距离约 900m，系统垂直高差居国内前列，单条输送竖井高 150m。半成品料运输线路布置难度大。

（2）骨料生产系统距坝址远。燕子崖石料场位于坝址下游中江河右岸山坡，距坝址约 12km，料场距坝区较远，分布范围较广，系统将分为料场开采、半成品运输、成品加工及成品骨料输送四个部分，建设与运行管理战线长。

（3）料源性能参数波动大。龙开口工程选用白云岩作为砂石骨料料源，在国内大型水电工程中尚属首次应用。人工砂的品质检测统计分析结果表明，白云岩人工砂平均细度模数为 2.9～3.1，由于砂子颗粒级配不良，将直接影响混凝土外观、和易性和保水性；石粉含量略偏低，微粉含量不足 5%；饱和面干含水率波动较大，常态情况下在 4.8%～8.9% 之间波动；白云岩骨料超、逊径颗粒含量波动较大。骨料料源性能参数波动大给混凝土配合比及混凝土质量控制带来了较大挑战。

4 工程成功实施的关键技术

4.1 干热河谷大体积混凝土温控技术

针对坝区所处干热性河谷且枯水季节风速大的特点，本工程采取了以下系列温控、保湿措施，克服了不良气候因素的影响，较好地解决了大坝碾压混凝土施工层间结合及温控防裂问题。

温控措施：①采用低热或中热水泥，采用高效减水剂高掺粉煤灰或其他活性材料等，以降低水泥用量、减少碾压混凝土中的水泥水化热。优化混凝土施工配合比，减少胶凝材料用量，降低混凝土绝热温升。②通过对粗骨料一次、二次风冷以及加冰、加制冷水拌和等技术措施，来控制混凝土出机口温度。大坝混凝土出机口温度高温季节（4—9 月）控制在 11℃ 左右，其他季节控制在 12℃ 左右。③对混凝土运输机具全程保温覆盖以减少温度回升。④合理安排开仓时间，避开白天高温时段浇筑混凝土，气温较高的时段采取喷雾机＋喷雾枪联合喷雾措施，降低仓面环境温度。⑤大仓面采用左右、下上斜层法施工，加快混凝土入仓覆盖速度，缩短混凝土暴露时间；一层混凝土碾压后，下一层混凝土控制在 1.5h 内完成摊铺。⑥收仓面及时用保温被进行覆盖以减少气温热量倒灌，控制混凝土温度回升。

保湿措施：①在高温季节以及其他季节的高温时段，在仓面内采取仓面喷雾降低仓面环境温度并防止混凝土表面失水的方法；②对刚浇筑完成的混凝土，及时采用保温被进行保温、保湿覆盖，减少蒸发量，防止混凝土表面很快干硬；③混凝土初凝之后及时进行保湿养护，早期采用补水养护，后期在混凝土结构表面喷涂一层保湿剂封闭混凝土。

4.2 碾压混凝土入仓及模板关键技术

入仓手段方面，结合大坝孔洞多、坝段碾压混凝土与常态混凝土分界高程不同的特点，在碾压混凝土施工

中先后采用在大坝布置入仓胶带机、满管、接料斗＋导管、坝后入仓道路、坝前入仓道路、侧面入仓道路及钢栈桥等多种不同的入仓方式联合入仓，为大坝快速、高强度施工提供了有力的保证措施。其中坝前入仓道路与钢栈桥配合使用跨越坝前防渗区。

为满足大坝碾压混凝土快速施工的要求，采用多层3m×3.1m翻转模板连续上升；同时针对大坝孔洞、牛腿、弧面多的特点，根据具体部位配置悬臂模板、定型模板、预制混凝土模板、异性模板等。多种形式的模板相互配套、相互补充，既满足了大坝体型的控制要求，也满足了大坝快速施工的进度要求。

4.3 深槽处理关键技术

为将深槽处理对大坝工期的影响降至最低，尽早实现首台机组发电目标，实施中深槽处理采用设置跨深槽的钢筋混凝土板梁洞挖全置换方案，承载板梁施工完成之后板下（洞内）板上（溢流坝段）同步施工。亦即先在深槽上建设一座钢筋混凝土拱桥，桥下进行深槽开挖和混凝土回填，桥上进行溢流坝浇筑，确保溢流坝与其他坝段同步上升。深槽处理过程中采取系列关键技术：①35m孔深防渗墙钢筋笼分3段制作（每段长约12m，重约18t），再分节吊入槽孔内拼装成整体，最后采用2台30t缆机抬吊下放至设计部位；②承载板梁施工采用先铺设地模形成设计需要的拱形及大键槽，地模采用掺1‰水泥的级配碎石进行回填并碾压密实，随后在地模上涂抹砂浆并铺设彩条布，确保地模能满足承载能力的要求又便于拆除；③洞内按照"小梯段、小药卷、微药量、弱振动"原则进行控制爆破施工，爆破方向与断层走向一致，减小对已浇混凝土和深槽槽壁的扰动；④洞内采用逐层开挖逐层支护的方式开挖，随后分层回填碾压混凝土，顶部分3段（每段分3仓，先浇两侧拱脚，最后浇中间顶拱）回填高流态自密实混凝土，确保回填密实；⑤承载板梁和深槽回填混凝土通水冷却至稳定温度18℃后，开始承载板梁基础重复接触灌浆施工，采用在1200.50m高程施工廊道和1210.00m高程排水廊道内直接钻孔灌浆方式，灌浆孔孔径为56mm，孔深伸入承载板梁底板下回填混凝土内1m，灌浆后即沿原钻孔进行扫孔，以便于下次重复进行接触灌浆，使深槽处理与坝体混凝土同步施工，既确保了深槽处理的安全，又最大限度地节省了工期。

4.4 适应高抗震要求的施工关键技术

为加强大坝抗震能力，采取对碾压混凝土分仓缝及诱导缝设置键槽的工程措施，经济、有效、可靠地解决了增加大坝抗震整体性的问题。实施中通过对R1 30LC－5（C420）履带式自行切缝机的改造，实现切缝机头部360°的灵活转动，达到切缝机底盘不需调整位置就可任意改变切缝方向的目的。

工程抗震设防裂度高（9级设防），在大坝上、下游面设置了防震钢筋，结构配筋也比同等坝型多。实施中通过在厂房坝段上游面（长168m）倒悬部位（高程为1240.00～1255.00m）设置5层倒悬体预制混凝土模板，有效地保证了施工的安全、质量和进度。

4.5 人工骨料处理关键技术

（1）采用"三级跳"组合形式解决大落差垂直运输问题。针对石料开采场与骨料生产系统高差大，水平距离短，半成品料运输线路布置难度大的特点，料场至骨料生产系统采用3个竖井＋3个平洞"三级跳"组合形式，较好地解决了骨料垂直运输问题，将对环境的不利影响降到最低。

（2）采用"S"形曲线胶带机解决长距离水平运输问题。针对骨料生产系统距离坝址远的特点，采用总长度约6015.43m的长距离胶带机（装机功率1680kW，带速4m/s，带宽1200mm）输送成品骨料，采用"S"形曲线单条布置，是国内首次在水电工程中采用的单条最长、装机功率最大的"S"形曲线布置的高速胶带机输送工程。主要承担350万m³混凝土成品砂石料的输送任务，月输送强度达25万m³混凝土骨料，是连接燕子崖砂石加工系统与坝区混凝土拌和系统的关键设备。

（3）多措施并举解决白云岩性能波动大的问题。为能通过施工过程中配合比的调整，最大限度地降低白云岩成品骨料品质上的不足对混凝土实体质量的影响，在实际混凝土生产中，通过增加砂率的方法改善混凝土和易性；尽量增加人工砂脱水时间，同时增大抽检频次，及时调整用水量；由于石粉含量偏低，前期施工中采取以粉煤灰代替砂的配合比调整技术，后期采用外掺石灰岩质磨细石粉；由于骨料超、逊径颗粒含量波动较大，在加大抽检频次的基础上，生产过程中采取了超、逊径颗粒含量精确调整措施，根据每班粗骨料超、逊径颗粒含量实测值，通过调整混凝土拌和过程中骨料实际投放量，使混凝土中各级配骨料含量和配合比基本吻合。通过以上措施使混凝土拌和物性能满足现场施工要求。

5 结语

针对大坝地处干热河谷、坝体形体复杂孔洞多、遇到罕见地质缺陷深槽、工程抗震设防等级高及人工骨料处理难度大的特点和难题，龙开口大坝在施工过程中进行了大量关键技术研究和技术攻关，取得了良好的应用效果，工程建设质量优良，荣获2016—2017年度国家优质工程金奖。本文对龙开口大坝在施工过程中采用的部分关键施工技术及工程措施进行分析和总结，可供类似工程参考借鉴。

参考文献

［1］ 何永彬．横断山—云南高原干热河谷形成原因研究［J］．资源科学，2000，22（5）：69－72.

［2］ 叶建群．龙开口水电站坝基深槽处理设计［J］．水力发电，2013，39（2）：28－31.

［3］ 高雅芬．龙开口水电站大坝抗震研究与设计［J］.水力发电，2013，39（2）：47－49.

［4］ 张亮．龙开口水电站白云岩人工骨料质量控制［J］．人民长江，2012，43（23）：85－87.

［5］ 周洪云．龙开口水电站碾压混凝土温控技术［J］．水力发电，2013，39（2）：64－65.

［6］ 李艳梅．龙开口水电站碾压混凝土入仓方式选择与应用［J］．水力发电，2013，39（2）：68－69.

双曲拱坝快速测量放样技术的研究与应用

侯　彬/中国水利水电第三工程局有限公司

【摘　要】　象鼻岭水电站大坝为碾压混凝土抛物线双曲拱坝，左右岸函数曲线不同，坝型控制和模板放样技术要求高，施工时段长，易出现测量放样错误。该文针对这一情况，结合大坝三维模型开发了一款快速测量软件，与传统测量相比，具有高效、快速、准确、节省人力、节约成本、方便储存、可加快工程进度的优点，实现了三位一体的软件集成化快速智能测量。

【关键词】　双曲拱坝　快速放样　创新软件　智能测量

1　引言

牛栏江象鼻岭水电站位于贵州省威宁县与云南省会泽县交界处的牛栏江上。坝型为碾压混凝土双曲拱坝，坝顶高程为 1409.5m，最大坝高 141.5m，坝顶长 459.21m，坝顶宽 8.0m，拱冠梁坝底厚 35m，厚高比 0.247。电站为地下厂房，采用双机双引管方式。根据进度计划安排，混凝土月浇筑高峰强度约为 10 万 m³，施工时由于工期紧，采用翻转模板，24h 不间断作业，坝体连续上升工艺，这就要求施工过程中，测量人员快速、准确地对坝面模板进行定位。

传统的测量放样方法多为可编程计算器配合全站仪进行计算放样，而象鼻岭水电站坝型为抛物线双曲拱坝，左右岸曲线函数不同，施工时根据现场要求，需要对任意点位的坝面参数进行计算放样，传统的测量放样方法已无法满足快速施工的需求。为满足项目连续浇筑施工，缩短立模板校正时间，需要建立一套快速测量、放样计算系统，这就需要寻求新的方式对双曲拱坝的坝面参数进行快速、准确的计算和放样。

根据该工程的实际情况，结合大坝三维模型，研究人员开发出一款针对性强的快速测量软件，通过掌上电脑（PDA 手簿）上的创新软件操控仪器进行测量，并实时将返回的数据进行对比计算，及时得出测量结果及偏差，减少人工测算步骤，缩短测量时间，降低过程误差。本技术将测量仪器、掌上电脑通过创新软件有机高效结合，三位一体地进行测量工作，形成软件集成化快速智能测量。

2　研究内容

（1）硬件改造：将全站仪有线串口通信改造为无线蓝牙通信，通过蓝牙实现和掌上电脑、平板电脑和智能手机的无线连接，为通过掌上电脑实现控制全站仪打好硬件基础。

（2）软件开发：利用 VB.net 语言开发掌上电脑版双曲拱坝快速测量放样系统软件，主要功能包括掌上电脑与各型全站仪蓝牙通信连接，观测数据自动接收计算及测站设置功能，双曲拱坝任意高程面坝体参数计算模块和图形图片生成模块，批量计算任意高程面逐桩的大地坐标和施工坐标模块，放样数据计算和放样日志自动记录模块，实测任意点位分析模块，结合全站仪免棱镜测量功能，实时指导拱坝模板立模，可大幅度提高测量放样计算速度，满足双曲拱坝快速立模的需要。

3　技术方案选择

根据施工计划安排，坝体采用平层通仓法快速、连续浇筑。单仓浇筑高度 5～12m，在混凝土浇筑的同时进行上下游坝面模板的安装。为减小施工干扰，混凝土立模将分 4～6 个工作面同时进行，时间需压缩在 2h 以内。根据图纸计算，模板每次翻转时上下游面立模面积为 500～1530m²（随坝体高度逐渐增加）。

项目采用 Leica TS11 全站仪和 Topcon GPT-3002LN 全站仪各一台，因设备操作平台授权因素，无法在全站仪机身上进行软件或程序的开发。从而在掌上电脑研发一套软件集成化快速智能测量程序,掌上电脑通过蓝牙与各型全站仪实现联机功能,达到自动发送和采集数据进行计算的功能。此时全站仪仅作为测距和测角的设备,所有计算功能均由掌上电脑完成,省略了人工读取和输入数据的时间,用掌上电脑装载放样软件,代替了计算器对数据进行处理和计算,提高测量放样工作的效率。

4 与原方案比较

象鼻岭水电站为抛物线双曲拱坝,结合其他工程测量控制情况,原定施工测量放样采用 CASIO fx-5800p

计算器配合全站仪进行,受限于计算器的计算能力,放样速度较慢;此外,数据记录、输入均为手工进行,一来速率较低,二来增加了出错的环节;内业断面图绘制采用计算器按 0.5m 的距离进行计算绘制,费时费力。

采用软件集成化快速智能测量技术方案,全站仪采集测量数据后,自动发送数据到掌上电脑,由软件分析点位关系,对比所测点位与设计值之差,指导点位进行调整;同时可计算任意高程面的坝体参数,自动生成 CAD 图形,便于坝体体型图绘制和工程量计算。既加快了现场施工测量放样的速度和准确度,减少了劳动力投入,也为内业资料整理、工程量计算提供了便利。传统放样与新开发软件放样对比见表1。

表1   传统放样与新开发软件放样对比表

放样类别	传 统 放 样	软 件 放 样
人员投入	需3~4人:观测1人,记录加计算1~2人,前视1人	需2人:观测、计算、记录1人,前视1人
放样时间	需1~3min:计算复杂,很难分析点位与坝面关系,导致棱镜放样慢	需5~10s:观测完毕软件立即运行得出成果,并报告出点位与坝面关系,从而直接指挥棱镜快速放样
数据处理	很难判断坝面关系,处理过程缓慢,无法批量输出任意坝面图形	自动成图,自动记录,自动处理数据,过程快速
放样记录	手工记录,速度慢,易出错,不易复核	自动记录,节省时间,方便检核,利于查找
误差来源	计算误差和观测误差:主要来源于输入坐标和分析坝面关系时的计算差错,能及时观察使用过程中仪器的不正确使用	观测误差:如棱镜设立带来的观测偏差
现场放样	由于施工现场复杂及不确定因素影响,有些点无法放到正点,从而无法控制放样	通过缩边、锁高,可根据现场实际情况方便准确放样

5 快速测量系统的使用

5.1 运行环境

该软件适应的硬件环境为:HP4700 掌上电脑,CPU 624MHz,ROM 128M,RAM 64M,4.0 寸显示屏分辨率 640×480。

该软件适应的操作系统为 Windows Mobile、Windows CE、Windows PC 2003,编程语言为 VB.net,开发工具为 Microsoft Visual Studio 2005。

5.2 系统参数设置

双曲拱坝快速测量放样系统共包括一个执行文件及四个文件夹。执行文件为软件运行文件,也是该系统的核心,直接双击即可运行,无需安装。预设参数文件夹中的数据大多需要在软件使用前输入,其余文件夹为软件自动生成文件。

预设参数为工程项目及系统运行必需文件,共包括

八个文件,均为文本文档(.txt)格式,可在台式电脑及掌上电脑中输入。在八个文件中,"导线数据""棱镜高自定义"和"仪器参数"为测量参数,"放样数据""曲线系数""体型参数"和"坐标参数"为相对应的拱坝参数。软件使用前,需要对测量参数和拱坝参数进行设置。"测站备份"文件无需输入,该文件会自动备份上一测站数据,便于二次自动提取。

5.3 主要应用使用说明

5.3.1 数据计算

点击【数据计算】界面,根据工作需要输入坝面高程、点位间距,点击【参数】,软件自动计算坝面相关参数,并自动保存到记录文件的坝面参数文件夹中。

点击【计算】,显示见图1。软件自动生成坝面数据图片、各点相对坐标、大地坐标,并自动保存到记录文件的坝面绝对坐标和坝面相对坐标文件夹中。

点击【批量计算】,软件提示输入坝面层距、点位步距,选择【是否计算上游坐标】、【是否计算中轴线坐标】、【是否计算下游坐标】、【是否开始计算】,依次输入

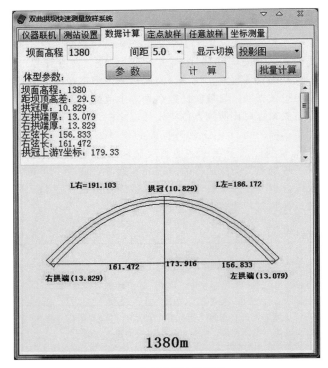

图1　软件坐标计算界面

并确认，软件据此自动计算各层各点相对坐标，并自动保存到记录文件的坝面相对坐标和"整体.txt文件"中，见图2。通过CASS软件可将"整体.txt文件"展点生成大坝立体数据CAD图形，便于用户了解大坝成型前体型，也可据此校核软件计算成果。

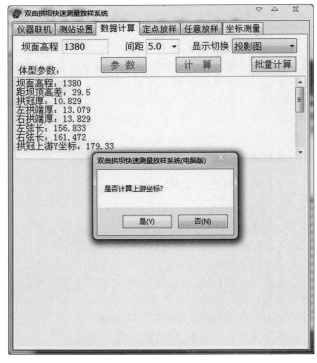

图2　软件批量计算界面

由于批量计算数据量庞大，PDA运行时间会相对较长，在听到软件提示音后计算方为结束。在牛栏江象鼻岭水电站双曲拱坝体型计算中，坝面层距和点位步距均选0.5m，计算上下游坝面及中轴线共约为38.7万个点位数据。

5.3.2　定点放样

点击【定点放样】界面，根据工作需要输入坝面高程、轴横距，点选【部位】，点选或输入【缩边】数据，点击【计算】，软件自动计算待测点位坐标数据及放样方位角和平距，操作仪器据此放样。

【轴横距】为待放样点所应轴线点的横向坐标，左侧应输入负号"—"，右侧直接输入数据。【部位】可点选为轴线、上游、下游。当【部位】为上游或下游时，可选择或输入【缩边】宽度，软件会自动将点位数据收缩固定宽度，便于用户点位标记。若勾选【存储】后，【请存储】功能打开，点击【请存储】后放样数据自动保存到：记录文件的定点放样.txt文件中。

软件计算中会自动生成坝面及点位图片图形，用户可直观了解放样点与坝面关系，达到简单直观的效果，见图3。

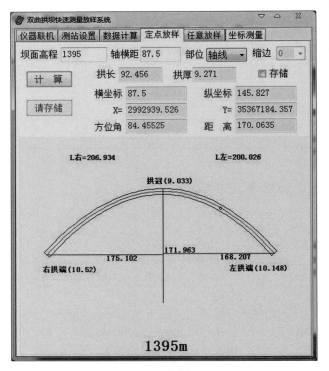

图3　定点放样界面

5.3.3　任意放样

选择【部位】及【缩边】，点击【测量采集】，待数据返回后点击【计算】，软件自动计算测点三维坐标，分析点位与坝面关系，生成关系图形如下图，计算【棱镜调整】数据，指挥棱镜调整位置。调整后再次采集计算，精度达到要求后放样完成，见图4。

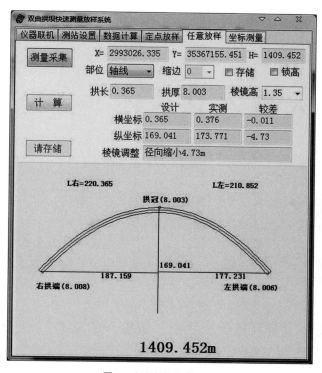

图 4　定点部位放样界面

【锁高】功能可将测点高程锁定，在锁定前输入高程到 H 值中，可预订坝面高程，实现悬空放样功能。若勾选【存储】后，【请存储】功能打开，点击【请存储】后放样数据自动保存到：记录文件的任意放样.txt 文件中。

5.3.4　坐标测量

坐标测量它要主用于测量外野的极坐标放样及地形地籍数据采集作业。

选择【点号】，软件提取点位三维数据，点击【计算】，软件自动计算待测点位方位角和平距。此时可操纵全站仪按计算方位角和平距进行测量放样。点击【上一点】或【下一点】，可连续进行点位的计算，并自动计算本点与上一计算点的平距。勾选【存储】，点击【存储】，测量数据自动保存到记录文件的坐标放样.txt 文件中。

5.3.5　成果检核

（1）图形检核。根据软件中保存 CAD 文件检核各个高程坝面平面位置与设计图是否一致，并根据生成 CAD 文件中体型参数与设计拱坝体型参数作比较，看是否满足精度要求。

（2）记录文件检核。根据外业放样中的自动保存目录，放样结束后回室内提取软件内存中的存储结果，把记录文件中存储的放样坐标进行反算，传到 CAD 设计图上，看是否与设计坝面重合并检验精度是否满足要求。

6　结语

采用软件集成化快速智能测量技术，简化了双曲拱坝施工测量放样的难度，减少了施工放样过程中测量设备和人员的投入，加快了施工放样的速度和精度，满足了象鼻岭水电站碾压混凝土快速施工的要求，整个大坝放样施工没有出现过一次超过规范标准的放样误差，为工程进度和工程质量提供了可靠技术保障，同时通过此项技术开发研究及使用，为电站节约了施工成本。2015 年 1 月 8 日，国家版权局给"双曲拱坝快速测量放样系统"软件颁发了计算机软件权登记证书。

本项目运用的测量仪器＋掌上电脑的测量方式，大大扩展了全站仪的计算性能，不仅适用于双曲拱坝，还适用于其他所有的野外测量工作，只需要对掌上电脑上的测量软件进行深度开发利用，就可以开发出更多的、适用面更广的测量软件，既能进行常规测量工作，又能进行针对性的特需开发。未来，掌上电脑、平板、智能手机将代替可编程计算器，大幅度地扩展测量数据的深度加工和利用，测量工作将会更加集成化和智能化，智能测量技术将拥有更广泛的应用前景。

浅论碾压混凝土大坝入仓技术

吴都督/中国水利水电第八工程局有限公司

【摘　要】 碾压混凝土采用自卸汽车、胶带机、真空溜槽、超长满管等方法入仓，加快了工程进度，已得到广泛应用。本文针对不同的外界条件，对近年来创新发展的碾压混凝土入仓手段和技术进行了论述，对比分析了各种方法的适用范围和优缺点，以为碾压混凝土科学合理的快速施工做技术支撑。

【关键词】 碾压混凝土　快速上升　入仓技术　方案对比　优化提升

1 引言

我国碾压混凝土筑坝技术研究始于 1978 年，自 1986 年第一座坑口碾压混凝土坝建成以来，至 2017 年，据不完全统计，碾压混凝土坝已经达到 300 多座。2007 年龙滩（192m）、2012 年光照（200.5m）和 2015 年沙牌拱坝（132m）碾压混凝土坝分获"国际碾压混凝土坝里程碑奖"，2018 年 203m 黄登碾压混凝土重力坝全面建成，标志着我国的碾压混凝土坝从数量、类型到高度均遥居世界领先水平。

如何在保证质量安全的前提下，充分发挥碾压混凝土快速施工的优势，是目前水电工程施工技术研究的重点。针对不同的外界条件，选择科学合理的快速入仓手段和方法是快速施工大坝、保证质量和安全的重要措施。本文论述了近年来创新发展的多项入仓技术，为适用大坝各种外界条件、快速上升大坝创造了条件。

2 "拌和楼＋胶带机"直接入仓技术

"拌和楼＋胶带机"直接入仓技术，一般适用于大坝坝肩有能够布置拌和系统平台的水电站工程。该技术主要用于解决边坡较陡、无法布置道路、自卸汽车无法入仓问题。

该技术曾在龙滩水电站、思林水电站以及溪洛渡水电站中得以应用，其中思林水电站整个大坝 77 万 m³ 碾压混凝土都采用该技术。

思林水电站混凝土生产系统充分利用大坝右岸地形，根据建筑物需要及场地现有条件，将不同构筑物分别布置在坝肩以上的 500.00m、480.00m、452.00m 高程三个平台上。在 500.00m 高程平台上布置一个变电所；外加剂车间一次风冷料仓、一次风冷车间、水泵房布置在 480.00m 高程平台；2 座混凝土搅拌楼、二次风冷车间、6 个胶凝材料储罐、混凝土实验室等设施及办公调度楼等布置在 452.00m 高程平台。利用右岸地形成"拌和楼＋胶带机"直接入仓系统（见图 1），其工艺流程为：1♯拌和楼→胶带

图 1　思林水电站采用"拌和楼＋胶带机"直接入仓技术

机→中间料斗→真空溜管→胶带机→仓面。

"拌和楼＋胶带机"直接入仓技术，有效解决了一些水电站中施工道路受限，无法直接采用自卸汽车入仓的施工难题。通过采用"拌和楼＋胶带机"直接入仓技术，极大简化了入仓流程，省去了一般需要自卸汽车进出拌和系统，以及拌和楼下接料、等料的时间。高峰期时，拌和楼可直接根据仓面需求量连续生产混凝土，大大提高了拌和楼利用率和生产产量。

3 自卸汽车入仓技术

自卸汽车入仓技术是碾压混凝土施工最常用的技术之一，具有简单、快速、方便、保障率高等特点，一般适用于基坑往上 20m 以内或者有马道（宽度大于 5m）、能直接连接坝体的部位。采用自卸汽车入仓，汽车轮胎冲洗处应设置符合要求的洗车槽等冲洗设施，距入仓口必须有不少于 30m 的脱水距离，坝体外进仓道路铺成碎石路面，并冲洗干净、无污染。自卸汽车入仓技术，一般采用封仓块（预制件通常高 30cm）替代模板堆放在入口部位，利用仓面内平仓碾压的时间，坝体每次上升前应完成仓面外入仓道路的填筑。施工后期将埋入的封仓块凿出，然后对入仓口混凝土进行缺陷修复处理。

对于外观结构有特殊要求，不允许采用封仓块兼道路作为跨仓模板的，可采用跨仓钢栈桥的方式入仓，跨仓部位采用小钢模做模板。如鲁地拉水电站，河床坝段 1120.00m 高程以上区域采用自卸汽车从坝前临时入仓道路直接运输混凝土入仓，坝前临时入仓道路和河床坝段仓面之间采用入仓钢栈桥进行连接过渡。钢栈桥立柱分为两种类型，编号分别为I型、II型。最初先安装I型立柱（安装高程为 1125.00m），当混凝土往上浇筑至一定的高度后，再在Ⅰ型立柱上搭焊Ⅱ型立柱。以此类推，Ⅰ型、Ⅱ型立柱交替搭焊上升，直至大坝上升至 1165.00m 高程，整个上升 45m，全部采用自卸汽车＋钢栈桥入仓技术（见图2）。"自卸汽车＋钢栈桥"入仓技术，难点在于入仓口立模、钢栈桥吊装处理上，重点需要控制钢栈桥占压区的碾压混凝土施工质量。

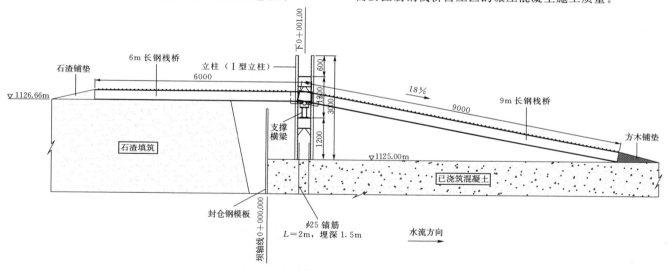

图2 鲁地拉水电站采用自卸汽车＋跨仓钢栈桥入仓技术

4 超长满管入仓技术

满管入仓技术是在真空溜管入仓技术思路上发展演变而来的一种新型入仓技术，起先满管采用直径约 600mm 的圆管制作而成，后来直径增大至 1000mm。考虑结构制作等因素，后来常用厢式满管替代圆形满管，常用断面尺寸为 800mm 或者 1000mm 的正方形，单节长 1.5m，便于拆卸、安装及更换。近年来，水电施工中满管应用比较广泛，主要用于坡度大于 60°的坝型结构。

大华桥水电站坝高 103m，最低开挖高程 1378.00m，左右岸边坡较陡，开挖坡度在 1:0.15～1:0.3。结合大华桥边坡实际地形特点，左岸 1396.00～1410.00m 高程区域采用"1♯满管＋胶带机＋短满管"入仓，左岸 1410.00～1430.00m 高程区域采用 1♯满管入仓，左岸 1430.00～1481.00m 高程区域采用 3♯满管入仓。由于右岸峡谷边坡较陡、右岸马道宽度窄，无法直接通过胶带机等转料接力，施工时直接从右岸坝顶 1481.00m 高程往下安装两条满管，满管长度达到 102m，最终满足了右岸 1396.00～1481.00m 高程区域混凝土入仓要求。整个大华桥水电站 80%碾压混凝土采用"满管"入仓技术，满管入仓具有输送能力强、VC 值损失小、高落差骨料分离情况少等优点（见图3）。满管施工控制要点在于"满"字，混凝土输送时要时刻保持满管内满的状态，从而减少骨料分离。一套满管系统一般采用"料斗＋液压弧门＋满管＋出口液压弧门"的双弧门控制系统，来控制满管内骨料分离。实践经验证明，满管系统一定要保持平顺，弯折结构部位容易堵料，从而造成效率降低。

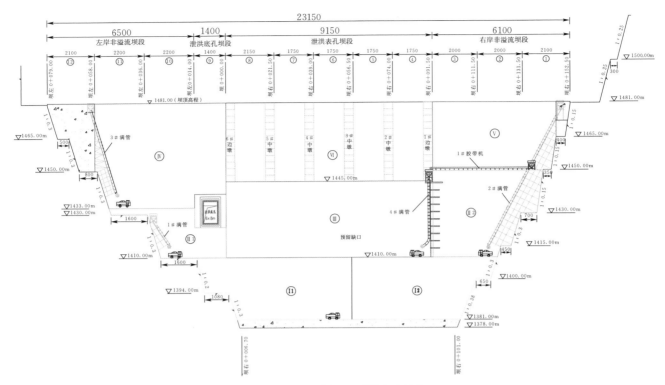

图3 大华桥水电站采用满管入仓技术

5 胶带机入仓技术

相对于以上几种技术，胶带机入仓技术较为简单，具有灵活多变、因地制宜等优点，可作为以上几种技术的补充应用。正是胶带机入仓技术的多样性，胶带机种类也比较丰富。经过工程实践，胶带机皮带宽度一般为600～1200mm，胶带机的角度一般不宜大于13°（角度过大后容易骨料分离）；两条胶带机使用接力过程中，落差一般不大于3m，大落差接力次数不宜超过2次；自卸车在胶带机下接料时，最大落差不超过12m；胶带机使用过程中易发生骨料分离、VC值损失大、温度回升快等缺点。正是由于胶带机存在以上局限性和缺点，所以后期一些工程不断改进，推广新型能够适应大角度的胶带机系统进行施工。

如缅甸YEYWA水电工程的应用的胶带机自动爬升系统（见图4），胶带机总长557m，共有5条胶带机组成。整个系统由皮带机、立柱、爬升套架、液压系统、电控部分、温控系统、辅助系统组成，直接从拌和楼入仓至仓面（拌和楼+胶带机技术），每条皮带机可在立柱上根据仓面高程，在保证坡度的情况下，调整自身高度，从而满足仓面不断升高的入仓要求。利用这种自动爬升系统，胶带机解决了胶带机使用时角度不够的问题，这种胶带机自动爬升技术在国内某电站投标时计划进行运用（见图5），但最终由于胶带机维护困难、爬升难度大、胶带机角度过大、安全因素等原因，实际施工过程中取消了应用。这种类型的胶带机施工，需要根据工程具体情况进行分析，一般投入较大，运行操作、维护均存在难度，需要熟练的胶带机运行管理班组来使用。

图4 缅甸YEYWA水电工程胶带机自动爬升系统

在国内水电工程中，常用的还有一类新型的大倾角波状挡边带式输送机。其结构原理是在平形橡胶运输带两侧粘上可自由伸缩的橡胶波形立式"裙边"，在裙边之间又粘有一定强度和弹性的横隔板组成匣形斗，使物料在斗中进行连续输送，输送范围可以几米到几十米高。该种大倾角胶带机在格里桥水电站进行了三级配碾压混凝土输送试验，试验证明大倾角胶带机输送的碾压混凝土质量满足规范要求。在沙沱大坝10♯～12♯坝段碾压混凝土施工过程使用了大倾角胶带机系统（见图6），该性能参数的大倾角皮带机的输送能力达到了

120～160m³/h（见图7），平均输送能力140m³/h，能够　满足仓面碾压混凝土入仓强度要求。

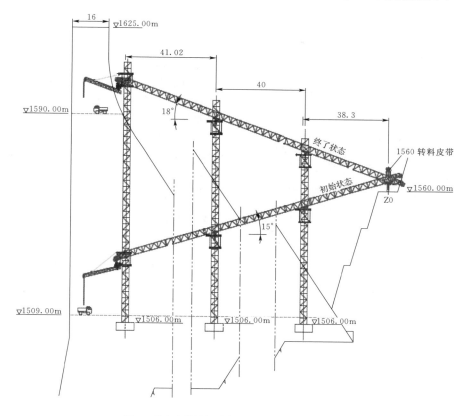

图5　某水电站投标计划应用的顶升胶带机系统

图6　沙沱大坝大倾角胶带机入仓系统

图7　沙沱大坝大倾角胶带机运输混凝土

6　综合对比分析

通过工程经验总结对比分析，以上几种技术均能实现碾压混凝土快速入仓，其各自适用范围及优缺点见表1。

表 1　　　　4 种技术适用范围及优缺点

序号	入仓方式	适用范围	主要优点	主要缺点
1	"拌和楼＋胶带机"	坝顶宽阔、坝肩平缓，有足够的场地布置拌和系统	能够最大限度地减少运输过程中混凝土VC值、温度等的变化，减少混凝土转运，保证施工质量，节约施工成本	受大坝选址地形限制

续表

序号	入仓方式	适用范围	主要优点	主要缺点
2	自卸汽车	坝址开阔、边坡较缓,便于布置施工便道的工程	灵活方便,简单高效	需填筑施工道路,容易占压其他工作面
3	超长满管	岸坡陡峭,满管安装角度一般大于65°	入仓方便,可满足超高落差运输,高落差时混凝土骨料分离情况较少,品质有保障,相对运输成本低	金属结构工程量大,控制不好时容易堵料
4	胶带机	单条胶带机角度一般不宜大于13°	入仓技术较为简单,具有灵活多变、可接力、因地制宜等优点	易产生骨料分离,不适用于大落差运输,大倾角胶带机成本较高

7 总结

碾压混凝土施工,入仓方式是整个大坝快速施工的关键技术前提,是一个工程施工组织设计的重点和难点。目前常用的入仓手段包含道路填筑、自卸汽车直接入仓、跨仓钢栈桥、仓面内高低路施工、胶带机入仓、满管入仓、满管＋胶带机入仓、溜管＋缓降器入仓、固定式布料机等,有些工程还需将这些技术进行组合链接。根据工程特点及实际情况,合理布置运用以上技术,多种技术科学合理地结合,实现快速入仓,才能为大坝快速上升创造条件。

参考文献

[1] 薛磊,谢力行,翟佳,等. 混凝土供料线在缅甸 YEYWA 水电工程的应用 [C] //第二届水电工程施工系统与工程装备技术交流会论文集. 北京:中国水力发电工程学会,2010.

浅谈大藤峡水利枢纽厂坝混凝土生产系统设计

陈　笠/中国水利水电第八工程局有限公司

【摘　要】 大藤峡水利枢纽厂坝混凝土生产系统所处地域高温多雨，具有拌和量大、运行周期长、强度大、防雨及温控要求高、工艺流程复杂、构筑物与设备多、场地狭长、运输距离长、建设工期紧的特点，已建成的系统运行情况良好，质量满足设计要求。本文对该系统的布置、工艺和设备选型进行了设计论述。

【关键词】 大藤峡水利枢纽　混凝土生产系统　布置与设计

1　工程概况

大藤峡水利枢纽工程位于珠江流域西江水系的黔江河段末端，距广西桂平市黔江彩虹桥上游约 6.6km，建筑物主要包括泄水、发电、通航、挡水、灌溉取水及过鱼等建筑物，是一座综合防洪、航运、发电、补水压咸、灌溉等应用的流域关键性工程，总装机容量 1600MW。水库总库容 34.79 亿 m³，工程规模为Ⅰ等大（1）型工程。

厂坝混凝土生产系统承担混凝土生产任务约255万 m³，其中碾压混凝土 43 万 m³，常态混凝土 212 万 m³。系统需满足碾压混凝土月高峰浇筑强度 12.6 万 m³、常态混凝土月高峰浇筑强度 9.6 万 m³、预冷混凝土月高峰浇筑强度 9.0 万 m³ 的浇筑要求，预冷混凝土出机口温度 14℃。

2　工艺设计

系统配置 1 座 HL240 - 2S3000L 的强制式拌和楼，生产能力：常态混凝土240m³/h，碾压混凝土200m³/h，预冷混凝土180m³/h；1 座 HL360 - 4F4500L 自落式拌和楼，生产能力：常态混凝土 360m³/h，碾压混凝土 300m³/h，预冷混凝土 250m³/h。整个系统常态混凝土理论生产能力 600m³/h、碾压混凝土理论生产能力 500m³/h。两座拌和楼均配置预冷设施，制冷容量 800 万 kcal/h（标准工况），可满足高温季节 14℃预冷混凝土 300m³/h 的浇筑强度。

2.1　拌和工艺

2.1.1　骨料储运

骨料由邻近的砂石系统成品料仓供应，采用胶带机运输至系统内骨料储料仓顶的卸料胶带机上，粗、细骨料共用 1 条胶带机供料，再由卸料胶带机卸向各仓。骨料仓共 6 个，均为方形结构，其中特大石料仓、大石料仓、中石料仓、小石料仓各 1 个，天然砂仓 1 个，人工砂仓 1 个。粗骨料单仓占地尺寸：长×宽＝20m×30m，堆料高度 8m；细骨料单仓占地尺寸：长×宽＝20m×24m，堆料高度 8m，骨料总容积 12840m³，可满足混凝土高峰浇筑月 1.5 天骨料需求。

骨料储料仓底设气动弧门，仓下设一条粗骨料出料廊道和一条细骨料出料廊道，廊道内各布置 1 条出料胶带机。粗骨料由气动弧门给料至廊道粗骨料出料胶带机出料，再通过 1 条胶带机运往一次风冷料仓。细骨料由仓底气动弧门给料至廊道细骨料出料胶带出料，再通过 1 条胶带机运往拌和楼方向，该胶带机机头位置设置 1 个分料斗，分料斗将细骨料流切换至 2 条胶带机，分别将骨料输送至 2 座拌和楼。细骨料仓和细骨料胶带机均设遮阳防雨棚，保障细骨料质量及含水率符合设计和标准规范要求。

由于前期砂石加工系统未投产，混凝土骨料必须外购。在系统场地外临时场地紧靠储料仓处设置有 1 座骨料临时堆放料仓和 1 组临时受料仓。骨料采用装载机从临时堆放料仓运输到临时受料仓。受料仓共 3 个，每个受料仓底各设 1 台气动弧门，受料仓下设出料廊道，廊道内布置 1 条出料胶带机。骨料通过出料胶带机输送至储料仓顶卸料胶带机机尾。

粗骨料由储料仓运输至一次风冷料仓进行冷却。一次风冷料仓设特大、大、中、小石4个仓，单个仓储料尺寸：长×宽×高＝6m×5m×12.9m，仓底设出料弧门。一次风冷料仓总储量可满足拌和楼满负荷运行1.5h以上粗骨料需求量。仓下设出料廊道，廊道内布置2条出料胶带机。仓内粗骨料冷却到设计值后由出料胶带机出料，出料胶带机机头位置设置1个分料斗，分料斗将粗骨料流切换至2条胶带机，再分别输送到2座拌和楼料仓。一次风冷料仓顶设置防雨、防晒棚。

2.1.2 胶凝材料储运及除尘

所供胶凝材料全部为散装，采用胶凝材料罐车运至系统内。设置6个胶凝材料罐储存胶凝材料，其中4个1500t水泥罐，2个1000t粉煤灰罐，可满足高峰浇筑月中7天的胶凝材料需求量，同时还能分别满足储存两个品种的水泥、煤灰要求。

罐车自带有气力卸车装置，罐车卸料及系统内胶凝材料运输均采用气力输送方式。胶凝材料罐至拌和楼输送设备采用下引式仓泵，每个胶凝材料罐均配置1台LP4.5型下引式仓泵，该型号仓泵的水泥、粉煤灰输送能力分别达到45t/h、30t/h。

胶凝材料罐顶配置清灰动能大、效率高的MC-48压力式袖袋除尘器，其处理风量达130m³/min，除尘效率为99%。

2.1.3 供配气工艺

系统供风项目主要有胶凝材料罐车卸料、胶凝材料输送及胶凝材料罐顶除尘、外加剂搅拌、气动弧门及气阀启闭等。设置一座总供风容量240m³/min的空压站，配置5台40m³/min、2台20m³/min螺杆式空压机，每台空压机均配置有液气分离器、无热再生干燥器、除油过滤器及贮气罐等辅助设备。

2.1.4 外加剂拌制及输送工艺

设置1座外加剂车间，车间由库房、搅拌池、值班室组成，面积375m²，库房可储存减水剂163t，引气剂3.5t，存储量满足混凝土高峰浇筑月1个月的外加剂用量。

外加剂在搅拌池加水稀释，通过池底供风管道输送的压缩空气及立式搅拌机进行搅拌，再通过4路（减水剂、引气剂各2路）管道用耐酸泵分别泵入2座拌和楼外加剂配料装置的外加剂箱内。

2.2 预冷工艺

2.2.1 设计条件

预冷系统以气温最高的7月为设计控制月，7月多年月平均气温28.7℃，水温26.7℃。片冰潜热利用率90%，混凝土拌和机械热1500kcal/m³，砂含水率不大于6%。骨料比热963J/(kg·℃)，砂比热796J/(kg·℃)，水比热4187J/(kg·℃)，片冰比热2094J/(kg·℃)。在设计控制月混凝土原材料的初始温度：水泥60℃、粉煤灰45℃、砂26.7℃、粗骨料28.7℃、水温26.7℃。

2.2.2 主要参考配合比

主要参考配合比见表1。

表1 　　　　　　　　　　　主要参考配合比表　　　　　　　　　　　单位：kg/m³

级 配	水	水泥	粉煤灰	特大石	大石	中石	小石	砂
常态 C25 二级配	116	206	52	—	—	814	543	749
常态 C20 三级配	98	137	59	—	405.5	541	405.5	675
常态 C25 四级配	86	120	52	505	505	337	337	581

2.2.3 主要预冷措施

根据系统预冷混凝土最高小时生产强度及本文2.2.1节和2.2.2节所列设计条件与主要参考配合比，采取两次风冷，在地面料仓一次风冷，在拌和楼料仓内对粗骨料进行二次风冷，加片冰和冷水拌和的降温措施，设计要求混凝土出机口温度控制在14℃以下。

在一次风冷料仓内对粗骨料进行第一次风冷，可将粗骨料温度从28.7℃冷却到10℃左右；骨料从一次风冷料仓输送至拌和楼料仓过程中，考虑温度回升2℃；在拌和楼料仓内对粗骨料进行第二次风冷，可将粗骨料冷却到平均4℃左右；每平方米混凝土加片冰15～40kg；加4℃冷水拌和。预冷系统主要技术指标见表2。

表2 　　　　　　　　　　　预冷系统主要技术指标表

序号	项 目	单位	一次风冷	二次风冷	制片冰	制冷水	备 注
1	预冷混凝土生产能力	m³/h	300				
2	预冷混凝土出机口温度	℃	常态混凝土 14				
3	冷水温度	℃				2～5	
4	制冷装机容量	万 kcal/h	250	200	300	50	标准工况
5	冷风循环量	万 m³/h	32	25～35			

序号	项 目	单位	一次风冷	二次风冷	制片冰	制冷水	备 注
6	片冰产量	t/d			3.75		
7	出冰温度	℃			<-4		
8	冷却水最大循环量	m³/h		3600			
9	最大耗水量	m³/h		180			
10	系统充氨量	t		50~55			
11	蒸发温度	℃	-15		-20		
12	冷凝温度	℃		35			

2.2.4 预冷设施

设置1座一次风冷料仓、1座制冷楼、1组冷却塔、1座冷却水泵房，一次风冷料仓及拌和楼料仓的风冷平台上均设置有空气冷却器和离心风机。制冷楼布置在拌和楼附近，采用片冰气力输送装置向拌和楼输送片冰。制冷楼共分为三层，顶层布置6台50t/d片冰机，第二层布置2座50t冰库，第一层布置制冷压缩机组、冷水机组及冷凝器、高压储液器、低压循环储液器、氨泵等制冷辅助设备。其中，第一层为一次风冷料仓、拌和楼料仓、片冰机提供冷源及生产冷水。冷却水泵房内设置冷却水泵。

2.2.5 保温措施

预冷系统需要保温的设备（低压循环桶、片冰机、空气冷却器等）、管道（氨供液及回气管道、冷风管道、冷水管道、片冰气力输送管道）、阀门和冷水箱采用阻燃橡塑保温材料保温。橡塑厚度50~100mm，其外侧用铝箔玻璃纤维布按1/3叠层缠绕，并采用铝箔胶带封口。一次风冷料仓墙体与顶部采用100mm厚夹芯聚苯乙烯保温板（单侧彩钢板）保温。一次风冷料仓至拌和楼料仓骨料胶带机栈桥的侧壁、顶部采用80mm厚夹芯聚苯乙烯保温板，底部敷设50mm厚的木板。

2.2.6 主要安全措施

在制冷楼墙体结构上安装有36台防爆型排气扇，楼内配备2台移动式排气扇，遇有少量氨泄漏可加快车间内的氨气排放。在焊缝阀门密集、易于漏氨处以及制冷压缩机组、储氨容器（高压储液器、低压循环储液器等）处安装氨气报警器，当报警器周边氨气浓度超出设定范围，报警器自动保警，便于及时发现并处理漏氨隐患。设置一套水喷淋系统，喷淋系统与氨气报警器联动，并可切换为手动操作模式，喷头位置设置能保证喷淋水覆盖整个涉氨区域，喷淋用水由消防水系统供应。设置2台紧急泄氨器，紧急泄氨器与消防水管相接，一旦发生严重氨泄漏，可及时对制冷系统进行放空处理。配备足够的防毒面具、氧气呼吸器以及消防器具，保证出现氨泄漏事故的情况下，工作人员能够及时进入现场进行抢修处理。

制冷楼各门均采用对外开启的平开式防火门，一层门外均设置室外消火栓，用于消防救火，同时可在漏氨时喷洒水幕保护人员疏散和抢救人员进入机房抢修。楼外设置一个事故水池，水池容积按喷淋水量、紧急泄氨器供水量、系统储氨总量相加取值。预冷系统所有消防设施按建筑设计防火规范设置，消防水压按临时高压制供给，消防水源由室外消防水系统提供，消防水与生产运行用水隔离。

2.3 系统主要技术指标

大坝混凝土生产系统主要技术指标见表3。

表3　　　　生产系统主要技术指标表

序号	项 目		单位	指 标	备 注
1	混凝土生产能力	常温常态/碾压混凝土	m³/h	600/500	
		预冷混凝土	m³/h	300	≤14℃
2	胶凝材料储量	水泥	t	6000	满足浇筑高峰期7天储量
3		粉煤灰	t	2000	满足浇筑高峰期7天储量
4	骨料储存容量		m³	12840	满足浇筑高峰期1.5天储量
5	制冷容量		万kcal/h	800	标准工况
6	片冰产量		t/d	300	
7	空压机房容量		M³/min	240	
8	系统总装机功率		kW	9700	
9	系统总建筑面积		m²	2807	
10	系统总占地面积		m²	27616	

3 系统布置

本混凝土生产系统布置在左岸上坝公路外侧附近高程42.5m的平台上，距坝轴线约1.1km。系统占地面积虽然达到27616 m²，但场地狭长且在同一高程，没有高程差可利用，必须采用较长长度的胶带机才能满足骨料输送角度要求。系统在区域内从远河方向起，依次布置骨料调节料仓、一次风冷料仓、拌和楼，制冷楼、胶凝材料罐、外加剂车间、沉淀池靠近拌和楼布置，冷却塔及冷却水泵房靠近制冷楼布置，空压站靠近胶凝材罐布置。在场地外靠近骨料调节料仓布置1座骨料临时堆放料仓及1组临时受料仓，布置高程均为42.5m。另有配电室、实验室、地泵房、仓库等设施在合适位置布置。混凝土生产系统平面布置图见图1。

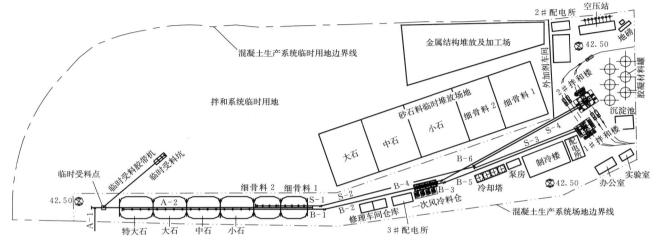

图1 混凝土生产系统平面布置图

4 结语

本系统在设计过程中综合考虑主体工程布置、施工总体规划、现场的地形与地质条件等因素。在地形比较平整、面积比较充裕的条件下，本系统大致呈线性布置，最大程度减少了占地面积，保证了系统各部分设施衔接顺畅，减小了土石方开挖和金结制安的工程量；建设与安装期间能同时打开多个工作面进行施工，极大降低了相邻工作面的相互干扰，加快了施工进度，降低了施工难度和安全风险。在一次风冷料仓底设置2个出料口，分别对应仓底廊道内设置的2条出料胶带机，双线运行时能满足混凝土高峰生产期的强度要求，单线运行时能保证混凝土低谷生产期的经济性与灵活性。

本系统自2016年1月1日投产至今，运行稳定，累计生产混凝土超过150万 m³，混凝土质量及出机口温度均满足设计要求，取得了良好的技术经济效益，经验可供类似工程借鉴。

数字大坝系统在鲁地拉水电站大坝碾压混凝土施工中的应用

赵银超/中国水利水电第八工程局有限公司

【摘　要】　碾压质量控制和温度控制是碾压混凝土重力坝施工质量控制的两个主要环节，直接关系到大坝安全。常规的大坝混凝土温度采集主要依靠人工方式，难以做到温控干预措施的实时性。采用常规的依靠监理现场旁站方式控制混凝土碾压参数，及依靠取样的检测方法来控制施工质量，与大规模机械化施工不相适应，也很难达到工程建设管理水平创新。因此，通过采取计算机相关技术，以互联网为基础，借助于现代测绘技术、电子信息技术、管理科学等，实现工程建设管理的网络化、可视化、数字化与智能化，实时采集各种施工数据，通过计算分析提供反馈信息和决策支持，控制大坝施工质量，可极大地提高大坝实时碾压混凝土施工质量控制与管理水平。鲁地拉水电站碾压混凝土大坝施工就是通过数字大坝系统对碾压混凝土施工过程的质量控制及温度控制，取得了很好的效果，值得在其他同类工程推广应用。

【关键词】　数字大坝系统　鲁地拉水电站　碾压混凝土　应用

1　工程概况

鲁地拉水电站拦河坝为碾压混凝土重力坝，坝顶高程 1228.00m，最大坝高 135m，坝顶长 622m。混凝土总量 186 万 m³，其中碾压混凝土 144 万 m³。该工程建设规模大、投资大、工期紧、施工条件复杂，给工程建设管理、施工质量和进度控制带来了相当的困难。因此，在建设过程中，如何有效地进行动态施工质量监控，如何及时地动态调整与控制施工进度，高效地集成与分析大坝建设过程中的施工信息，实现远程、移动、实时、便捷的工程建设管理与控制，是鲁地拉水电站工程建设能否实现高质量、高强度安全施工的关键。通过碾压混凝土施工质量 GPS 监控子系统、混凝土温控信息远程自动监控系统、仓面小气候信息远程自动监测系统、大坝施工现场信息 PDA 实时采集子系统、灌浆信息自动监控与分析子系统、混凝土拌和楼信息远程自动采集子系统等组成数字化大坝系统，对大坝碾压混凝土施工过程进行监控，达到了施工质量的动态控制管理。

2　"数字大坝"综合信息集成系统介绍

建立基于 B/S 模式的"数字大坝"综合信息动态集成系统，实现大坝施工质量、温度、进度等信息的网络化存储、查询、输出及动态更新，具体包括：构建浇筑碾压质量数字大坝；动态集成管理大坝建设期混凝土温度监测数据；试验信息和现场记录信息的 IE 录入和查询；根据坝段、高程或仓面编号，实现仓面温湿度、风速、钻孔试验结果、新混凝土试样试验数据、坝面质量采样信息（VC 值、压实度等）的 Internet 存储、查询与动态更新，并可将上述信息以图形方式输出；工程枢纽布置的三维建模与场景漫游；施工进度数字大坝及混凝土拌和楼生产信息的在线查询与分析。

3　实施方案

3.1　各子系统主要功能

3.1.1　碾压混凝土坝浇筑碾压过程实时监控子系统

（1）动态监测仓面碾压机械运行轨迹、速度和碾压高程以及振动状态。

（2）实时计算和统计仓面任意位置处的碾压遍数、压实厚度、仓面平整度。

（3）当出现碾压参数不达标情况时，系统自动给碾压机械操作、现场监理和施工人员发出不达标的详细内容以及所在空间位置等，指导施工管理人员及时进行整改。

（4）在每仓施工结束后，输出碾压质量图形报表，包括碾压轨迹图、碾压遍数图、压实厚度图和仓面平整度（高程）图等，作为质量验收的辅助材料。

（5）在总控中心和现场分控站对大坝混凝土浇筑碾压过程在线监控，实现远程、现场双监控。

3.1.2　混凝土温度信息远程自动监控子系统

（1）通过手持式混凝土温度数字采集与无线传送设备，定时检测或随机抽检拌和楼出机口的混凝土温度、入仓混凝土温度以及浇筑温度，并通过 GPRS 无线网络，将检测的温度、时间、地点等信息传送至总控中心数据库。

（2）根据预先设定的温控标准，如设计控制温度，实时分析动态监测到的温度数据，当不满足温控标准时，及时向相关现场人员发送报警信息。

（3）利用手持 PDA 及 PC 终端，现场监理、施工人员及业主有关部门可接收报警信息，据此可及时采取相应的调整措施。

（4）与混凝土内部温度监测系统建立数据连接，实现数据集成。

3.1.3　仓面小气候信息远程自动监测子系统

通过仓面环境湿度、温度及风速采集与无线传送设备，定时检测浇筑块仓面的施工小气候要素，并通过 GPRS 无线网络，将检测的数据、时间、地点等信息传送至总控中心数据库；将仓面施工小气候数据在统一的 DBMS 管理下进行存储，并按照查询条件输出历史数据供相关人员浏览查询。

3.1.4　混凝土拌和楼信息远程自动采集子系统

（1）识别混凝土拌和楼生产系统的数据存储格式，以备复制混凝土生产数据。

（2）定期将混凝土生产数据通过有线或无线方式、经数据接口上传至中心数据库进行备份。

（3）对混凝土生产数据进行综合管理，可按照查询条件输出历史数据供相关人员浏览查询，并可进行组分偏差等统计与分析工作。

3.1.5　大坝施工现场信息 PDA 实时采集子系统

（1）采集混凝土质量现场检测数据（即核子密度计检测数据）及施工仓面现场照片。

（2）采集新拌混凝土 VC 值、含气量、抗压强度信息、现场 VC 值、抗压强度质量检测数据。

（3）现场采集的数据通过 PDA，经 GPRS 网络无线传输至系统中心数据库，以备访问和查询。

（4）现场质量检测数据、混凝土试块质量检测数据等，也可以通过 IE 端登录，人工录入。

3.1.6　灌浆信息采集与分析子系统

（1）对灌浆施工过程进行实时监控，建立预警机制、针对灌浆异常情况进行实时报警。

（2）建立灌浆施工数据库，对灌浆记录仪采集的灌浆数据进行统一管理。

（3）将采集到的灌浆信息进行信息管理及数据汇总，作为灌浆施工验收的补充材料。

（4）建立基础面、混凝土垫层、固结灌浆孔布置、帷幕灌浆孔以及灌浆廊道布置等三维模型。

（5）建立三维模型与数据库信息的一一对应关系，实现灌浆工程动态信息的可视化查询。

（6）建立材料核销在线信息库，随时掌握灌浆材料的入库量，实际使用量以及剩余库存量。

（7）将灌浆工程施工周报和设计审核汇总到数据库，实现灌浆工程信息在线查询与下载。

3.2　主要技术方案

3.2.1　碾压混凝土施工质量 GPS 监控子系统

鲁地拉水电站大坝浇筑碾压质量 GPS 监控子系统由总控中心、无线网络、现场分控站、GPS 基准站和碾压机械监测设备等部分组成，总体技术方案见图 1。

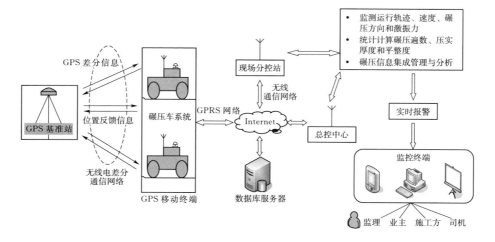

图 1　碾压混凝土施工质量 GPS 监控子系统总体技术方案

3.2.2 混凝土温控信息远程自动监控子系统

混凝土温控信息远程自动监控子系统（T－Monitor）包括两个主要模块，分别是温控信息数据采集与无线传送模块、温度比较与分析模块。该系统技术方案见图2。

3.2.3 仓面小气候信息远程自动监测子系统

该系统主要包括两个主要模块，分别是仓面小气候信息采集及无线传送模块、控制标准分析与报警模块。该系统技术方案见图3。

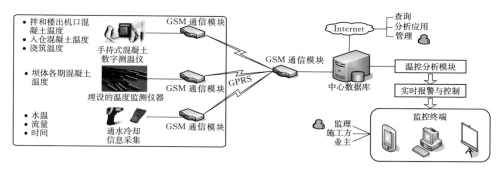

图2 混凝土温控信息远程自动监控子系统技术方案

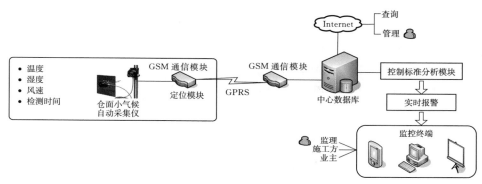

图3 仓面小气候信息远程自动监测子系统的技术方案

3.2.4 大坝施工现场信息 PDA 实时采集子系统

大坝施工现场信息 PDA 实时采集子系统（Field－PDA）的总体技术方案如图4所示。

3.2.5 灌浆信息自动监控与分析子系统

灌浆信息自动监控与分析子系统包括两个主要模块，分别是灌浆仪接口及存储模块、灌浆分析模块。该

系统技术方案见图5。

3.2.6 混凝土拌和楼信息远程自动采集子系统

混凝土拌和楼信息远程自动采集子系统包括两个主要模块，分别是混凝土拌和楼接口及无线传输模块、统计分析模块。该系统技术方案见图6。

图4 Field－PDA 系统总体技术方案

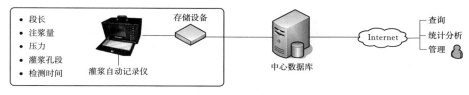

图5 灌浆信息自动监控与分析子系统技术方案

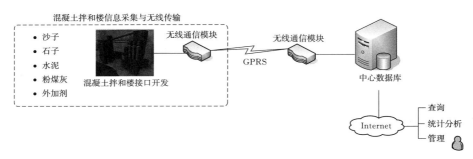

图 6　混凝土拌和楼信息远程自动采集子系统技术方案

4　系统运行效果统计与分析

4.1　碾压机行驶超速统计与分析

数字大坝系统规定碾压机碾压时，连续 10s 超过最大规定速度则进行超速报警，以保证碾压质量。数字大坝系统正式运行以来，共监控到碾压机超速行驶 474 次，平均每台班超速不足 0.3 次。碾压超速报警后，分控站监理及时通知现场施工、监理人员，并对超速条带进行相应处理，最后检测压实度均达到设计标准，不影响大坝碾压质量（见图 7）。

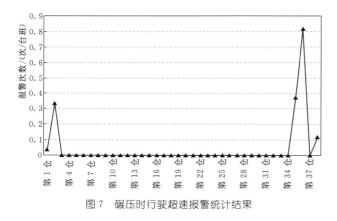

图 7　碾压时行驶超速报警统计结果

4.2　碾压机振动状态不达标统计与分析

数字系统对连续 5m 条带振碾次数少于 6 遍进行报警，以保证碾压质量。数字大坝系统正式运行以来，共监控到碾压机振动状态不达标报警 92 次，平均每台班不超过 0.1 次。碾压时振动报警，分控站控制人员及时通知现场施工人员与监理人员，并对报警条带进行补碾或做相应处理，最后检测压实度均达到设计标准，不影响大坝碾压质量，保证碾压机振动状态处于受控状态（见图 8）。

4.3　仓面碾压厚度不达标统计与分析

数字系统对连续 5m 条带碾压厚度超过 40cm 的情况进行报警，以保证碾压质量。系统正式运行以来，共

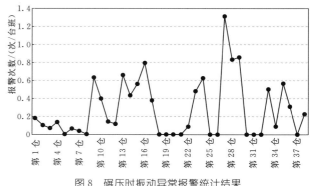

图 8　碾压时振动异常报警统计结果

监控到仓面碾压厚度不达标 1493 次，平均每台班超厚不足 0.9 次。碾压时超厚报警，分控站控制人员及时通知现场施工人员与监理人员，并对报警条带采用平仓机进行相应处理，最后检测压实度均达到设计标准，不影响大坝碾压质量，保证仓面碾压厚度处于受控状态（见图 9）。

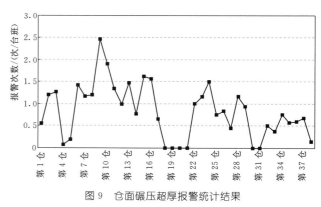

图 9　仓面碾压超厚报警统计结果

4.4　仓面碾压遍数统计与分析

数字系统正式运行期间，共完整监控大坝碾压施工仓面 42 个，碾压层 787 个。所有监控的施工仓面的碾压层中，振动碾压 6 遍及以上区域所占比例最低为 83.26%，最高为 99.86%，平均为 96.83%；振动碾压 8 遍及以上区域所占比例最低为 80.21%，最高为 99.82%，平均为 94.31%。结果显示，随着系统的深入运行，振动碾压 8 遍及以上达标率呈上升趋势，并保持在较高水平。

根据统计结果分析，部分碾压层振碾遍数达标率偏低，但最后经过现场检测压实度，压实度值在设计范围之内。经分析，达标率偏低主要由以下原因造成：

（1）部分碾压层施工期间由于现场仓面平整度不满足要求，现场需要进行补料调整仓面平整度，补料引起的升层较薄且无需振碾8遍及以上。

（2）个别碾压层施工期间，其相邻坝段高差过大，影响碾压机流动站设备定位精度，进而对系统监控结果造成一定影响（见图10）。

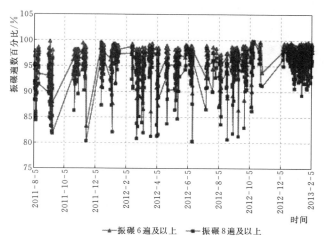

图10　仓面各碾压层振碾遍数百分比统计结果

4.5　仓面压实厚度统计与分析

对数字系统完全监控的共42个碾压仓面787个碾压层的压实厚度统计分析，压实厚度均值最小值为0.15m，最大值为0.45m，所有碾压层的平均压实厚度为0.30m，满足设计要求（见图11）。

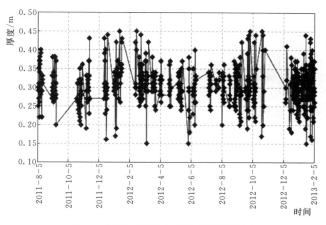

图11　仓面各碾压层压实厚度统计结果

4.6　混凝土温度实时监控

混凝土温度信息通过 PDA 实时录入到数字大坝系统中进行集成管理，系统运行至今，共采集混凝土出机口温度数据69条，混凝土入仓温度999条，混凝土浇筑温度858条。表1列出了春夏秋冬四季的温度均值情况。混凝土出机口温度检测结果见图12；混凝土入仓温度检测结果见图13；混凝土浇筑温度检测结果图14。

表1　混凝土温度综合统计表　　　单位：℃

项　目	春季	夏季	秋季	冬季
出机口温度均值	16.1	21.6	18.3	—
入仓温度均值	18.0	23.4	18.8	16.7
浇筑温度均值	19.0	23.4	20.2	15.8

注　1. 3—5月为春季，6—8月为夏季，9—11月为秋季，12月至次年2月为冬季。

2. 出机口冬季温度采集值较少，不做均值分析。

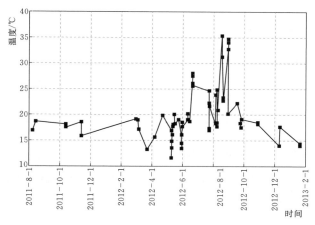

图12　混凝土出机口温度检测结果

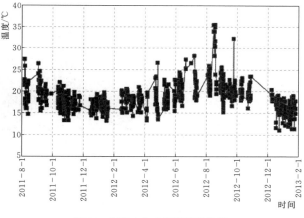

图13　混凝土入仓温度检测结果

4.7　仓面环境信息实时监控

通过在仓面放置小气候实时采集仪器，自动对施工仓面温度、湿度、风速信息进行检测，并实时录入到数字大坝系统中进行集成管理。系统运行期间，共采集仓面内温度数据23173条，湿度数据15838条，风速数据13402条。表2列出了春夏秋冬四季仓面内气温、湿度和风速的统计结果。

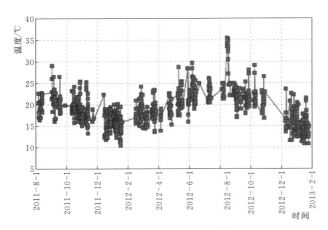

图 14 混凝土浇筑温度检测结果

表 2　　　　仓面小气候综合统计表

项 目	春季	夏季	秋季	冬季
仓面内气温/℃	26.1	27.0	22.3	17.9
仓面内湿度/%	29.4	67.2	59.2	38.8
仓面内风速/(m/s)	0.47	0.16	0.20	0.63

4.8　核子密度计检测信息管理

核子密度计检测信息实时录入到数字大坝系统中，系统运行期间，共采集 1122 条记录。经统计分析，一次合格率为 100%，压实度最小值为 98%，均值为 99.19%。经检测压实度不合格处，现场监理要求施工单位进行补碾直至压实度满足设计要求。核子密度计具体检测结果如图 15 所示。

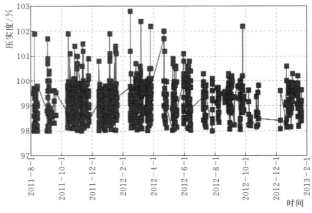

图 15　核子密度计具体检测结果

4.9　拌和系统混凝土生产数据采集与分析

通过采集拌和系统混凝土生产数据，统计结果分析混凝土供应量最低月发生在 2011 年 2 月，月供应量 0.3 万 m^3；最高月发生在 2011 年 6 月，月供应量 12.2 万 m^3（见图 16）。

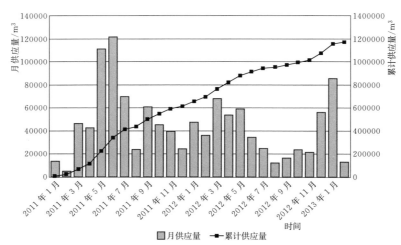

图 16　拌和系统混凝土供应量统计结果

4.10　灌浆信息采集与分析

4.10.1　灌浆提醒统计分析

根据坝基灌浆施工技术要求，监控系统设置相应的提醒条件，满足条件时发送提醒短信，及时反馈给施工和监理人员，使之作出相应调整。灌浆提醒系统运行期间，共发送提醒短信 5432 次，针对短信提醒情况进行现场排查，及时采取相应措施，确保灌浆效果，不影响施工质量（见表 3）。

表 3　　　　灌 浆 提 醒 统 计 表

提醒类别	判定准则	提醒次数
灌前涌水孔段提醒	涌水压力大于 0	900
灌前压水试验无压无回提醒	表压力值小于 0.10MPa，并且进浆流量大于 30L/min 时	69

提醒类别	判定准则	提醒次数
抬动提醒	抬动值大于 0.20mm 时，并且进浆流量大于 10L/min	243
建议屏浆待凝提醒	某级浆液 5min 注入量（即 5min 内累计流量）不小于 300L	468
浆液越级变浓提醒	某级浆液注入率（即单位注入量）不小于 30L/min 时	2180
灌浆记录仪数据中断提醒	未结束孔段中断了半小时或者以上的灌浆	1185
单耗异常提醒	某孔段单耗大于 1000kg/m	387

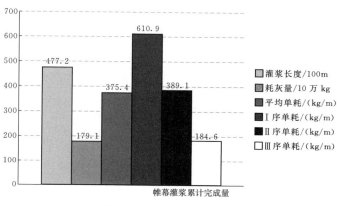

图 17　灌浆工程量综合统计

4.10.4　终孔段透水率统计分析

对于已经完成的 210 个灌浆孔，读取其终孔段灌前透水率，通过与孔内成像报告对比，可以为灌浆质量情况提供依据，可以看出终孔段透水率合格（吕荣值小于 2）有 186 个，占所有完成孔段的比例为 89%。

4.10.2　灌浆工程量综合统计分析

将采集到的灌浆信息进行数据汇总，得到灌浆工程量统计结果：Ⅰ序平均单耗 610.9kg/m，Ⅱ序平均单耗 389.1kg/m，Ⅲ序平均单耗 184.6kg/m。根据统计结果显示，各排孔的平均单位注入量均呈现出随着灌浆孔序的不断加密而逐序减小的趋势，总体上看符合一般灌浆规律，表明先序孔的灌浆效果明显，后序孔起到了进一步充填、挤密压实的作用（见图17）。

4.10.3　灌浆单耗量分区间统计分析

通过读取灌浆施工数据库，对完整记录的 6598 个孔段进行单耗量统计。统计显示，单耗量 300kg/m 以下的孔段数比例为 65%，300～400kg/m 孔段占 6%，400～500kg/m 孔段占 6%，表明随着 2、3 序孔的增加，单耗明显降低，灌浆效果得到显著增强（见图18）。

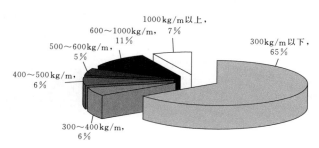

图 18　单耗量分区间统计图

5　系统成本

根据设备及人员投入情况以及系统建设的工作量，系统开发与建设总费用为 721.08 万元，后期维护费用为 225.39 万元，总计 946.45 万元（不含土建及施工区通信网络建设费用）（见表4）。

表4　　　　　　　　　系统成本核算表

序号	项　目	成本/万元			备　注
		合计	硬件设备	开发服务	
1	碾压混凝土施工质量 GPS 监控子系统	281.89	199.42	82.47	按 6 台碾压机械、6 台 GPS 计算
2	混凝土温控信息远程自动监控子系统	137.42	56.78	80.64	10 台混凝土测温装置，20 台内部温度监测仪器及无线发送模块，15 台冷却水管信息采集与无线发送设备
3	仓面小气候信息自动监测子系统	67.36	11.67	55.69	含 5 台小气候自动监测仪计算
4	大坝施工现场信息 PDA 实时采集子系统	52.36	2.78	49.58	按 5 台 PDA 计算
5	灌浆信息自动监控与分析子系统	48.89	0	48.89	
6	混凝土拌和楼信息远程自动采集子系统	13.67	1.33	12.34	按 3 座混凝土拌和楼计算
7	"数字大坝"综合信息集成子系统	71.67	0	71.67	

序号	项　目	成本/万元			备　注
		合计	硬件设备	开发服务	
8	现场人员维护费用	47.82	0	47.82	
9	开发建设费用总计	721.08	271.98	449.1	一年质保服务（2011年1—12月）
10	后期维护费用	225.39	93.27	132.12	服务器预计17个月
11	总计	946.45	365.25	581.22	

6　结语

鲁地拉水电站碾压混凝土数字大坝系统是国内首次在碾压混凝土重力坝运用自动、数字化监控技术进行质量控制的一次成功尝试。随着数字大坝系统的使用，质量控制逐渐向精细化转变。通过对碾压混凝土坝及灌浆施工过程进行实时监测和反馈控制，减少了施工质量监控中的人为因素，提高了施工过程的质量监控水平和效率；将浇筑施工质量监测、试验检测等信息进行集成管理，为大坝质量监控以及坝体安全诊断提供信息支撑平台，为大坝的竣工验收及今后的运行提供数据信息平台；实现了建设各方对工程质量精细管理，通过系统的自动化监控，不仅有效掌控大坝施工质量，而且可实现对大坝建设质量的快速反应，有效提升碾压混凝土坝工程建设的管理水平，实现了工程建设的创新管理，为打造优质精品工程提供强有力的技术保障。本系统可有效提高碾压混凝土坝施工质量监控的水平和效率，确保大坝施工质量始终处于受控状态，为碾压混凝土坝施工质量的高标准控制开辟了一条新的途径，取得了显著的经济效益和社会效益，具有广阔的应用前景。

渡槽伸缩缝双道止水施工技术

王志敏/中国水电基础局有限公司

【摘　要】 引调水施工过程中结构物的止水一直是水利界设计与施工的难点。龙泉河渡槽采用的止水是"紫铜片＋U形GB复合橡胶止水带"双道止水。本文介绍双道止水各自的特点及联合运作止水的优势。紫铜片止水及U形GB复合橡胶止水带施工技术有效地解决了在渡槽接缝的纵向、横向和竖向变位情况下，伸缩缝止水设施能够与混凝土面保持紧密结合的问题，达到极其良好的效果。

【关键词】 渡槽伸缩缝　紫铜片止水　施工技术

1 工程概况

龙泉河渡槽的桩号为232＋770～233＋500，渡槽长730m，设计流量7.4m³/s，设计水深2.10m。渡槽进出口渐变段长8m、12m，槽身长710m（设4cm伸缩缝，含缝长1.92m）。48跨渡槽中，跨长15m的46跨，跨长10m的2跨，均设计为单孔现浇钢筋混凝土矩形槽（见图1）。渡槽单槽外轮廓断面尺寸4.30m×3.35m（宽×高），槽身净尺寸3.3m×2.7m（宽×高）。渡槽下部结构为排架、实体墩，基础为钢筋混凝土灌注桩或扩大基础，排架柱与桩轴线重合。跨越龙泉河及其支流渡槽基础设计洪水标准为30年一遇频率，校核洪水标准为100年一遇频率。

图1　龙泉河渡槽

槽身支撑结构主要有两种型式：一种为排架接扩大基础型式；另一种为实体墩接混凝土灌注桩型式，支撑由帽梁、排架、承台、扩大基础或混凝土灌注桩组成，平均排架高 14.2m，最大高 24.6m，最小高 3.8m。混凝土灌注桩上部承台长 5.95m，宽 2.7m，厚 1.5m，每个承台下设 2 根直径为 1.2m 的 C25 混凝土灌注桩，桩长 10m，中心距为 3.55m。混凝土强度等级：槽身为 C30W8F150；帽梁、排架为 C30 混凝土；承台、灌注桩为 C25 混凝土。

2 工程地质

龙泉河渡槽所处地貌单元为垄岗、河谷平原。在桩号 233＋050～233＋125 和 233＋42～233＋424 处，渡槽分别跨越龙泉河和龙泉河支流河道，河床地形较平坦，天然坡度 5°左右。渡槽沿线分布的地层岩性包括：①第四系全新统冲积（Q_4^{al}）淤泥质黏土，主要分布在渡槽下游端桩号 233＋393～233＋423 处，厚度不大，层位较稳定；②第四系全新统冲积（Q_4^{al}）黏性土，分布在桩号 232＋770～233＋048、233＋123～233＋138、233＋348～233＋438，厚度变化大，层位不稳定；③第四系全新统冲积（Q_4^{al}）砂砾石，主要分布在河床部位，厚度不大，层位较稳定；④第四系全新统残坡积堆积（Q_4^{edl}）碎石土，主要分布在两岸岸坡表层；⑤扬子期（$\beta\mu_2^2$）变辉长辉绿岩，主要分布于龙泉河与其支流河间矮丘；⑥震旦-青白口系随县群坑子湾组［$(Qn-Z1)y$］绢云钠长片岩，主要分布在两岸岸坡及第四系堆积物之下。

3 双道止水的施工设计

渡槽槽身接缝处采用紫铜片止水加 U 形 GB 复合橡胶止水带双道止水结构型式，紫铜片止水距渡槽内侧 25cm，U 形 GB 复合橡胶止水带距离渡槽内侧 10cm。双道止水的施工顺序是先施工紫铜片止水，紫铜片止水与槽身混凝土一起浇筑，浇筑前需通过垫板埋设 M10 螺栓，以便后期 U 形 GB 复合橡胶止水带的安装。"紫铜片＋U 形 GB 复合橡胶止水带"双道止水详图见图 2，U 形 GB 复合橡胶止水带详图见图 3。

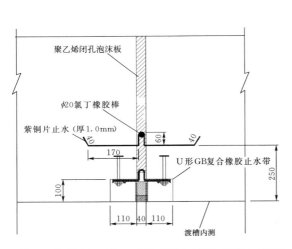

图 2 "紫铜片＋U 形 GB 复合橡胶止水带"双道止水详图

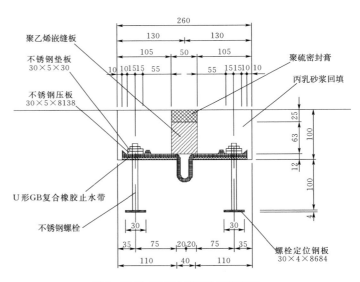

图 3 U 形 GB 复合橡胶止水带详图

合形成双道止水可以适应渡槽接缝的纵向、横向和竖向变位，保持与混凝土面的紧密结合，达到极其良好的效果。

U 形 GB 复合橡胶止水带在紫铜片止水的基础上进一步提高接缝止水适应变形的能力，复合橡胶止水带通过预埋的不锈钢螺栓压板固定，可方便橡胶止水带的维修和更换。复合橡胶止水带周边空腔部分采用丙乳砂浆回填，不仅增加了止水结构的可靠性和耐久性，还起到保护 U 形 GB 复合橡胶止水带的作用，可有效地提高其抗老化性能。

4 双道止水的优越性

紫铜片止水具有抗腐蚀能力强、抗拉强度高、韧性好、能承受较大变形等特点。但渡槽槽身受各种因素的影响，可能会产生不同程度的不均匀沉降和水平位移。为防止紫铜片止水的变形能力不能满足槽身不均匀沉降和水平位移的要求，在距其 15cm 处设置一道 U 形 GB 复合橡胶止水带。两者结

5 紫铜片止水关键施工技术

5.1 紫铜片止水与安装

为了保证紫铜片止水的焊接质量和牢固性，铜止水连接采用双面搭接焊，搭接长度为 20mm，焊接采用黄铜焊条气焊。紫铜片止水焊接接头应表面光滑、无孔洞和缝隙、不渗水。实际施工中，用目测法检测紫铜片止水焊接接头的外观质量，并采用煤油或其他液体做渗透试验。将煤油或其他液体涂抹在焊缝的一面，等几分钟后，看煤油或其他液体是否渗过止水铜片。紫铜片止水焊接试验有"一看、二摸、三闻"的要点："一看"就是用眼睛观察焊缝外观；"二摸"就是涂抹煤油或其他液体后在另一面用手摸拭；"三闻"就是手摸完后闻手上是否有煤油或其他液体气味，以此来确定焊缝是否合格，不漏水。

止水铜片安装过程中应采用模板嵌固或采用特制的木盒模板保护固定，防止止水铜片破坏。在安装时如发现紫铜片有孔洞或破损，应及时进行更换或补焊加固。紫铜片应采取适当措施避免被污染或破坏。混凝土浇筑前应再次检查，并将紫铜片上的杂物清理干净，保证紫铜片与混凝土结合面的清洁，且平整居中。

5.2 伸缩缝处的混凝土施工

浇筑伸缩缝处的混凝土时，应特别注意止水铜片的保护，防止混凝土下料时对止水铜片冲击或破坏，以免造成止水铜片的卷曲而大大降低止水效果。止水铜片安装完成后，水平止水片下部混凝土是施工的关键亦是薄弱环节，因为该部位混凝土难以振密，可能形成蜂窝麻面。止水片下混凝土浇筑过程中可用特制的钩子将止水片适当的上翻，避免混凝土下料的冲击，同时便于该部位的混凝土振捣密实。浇筑至距止水片约 10cm 时将止水铜片下放至正确位置，将未振混凝土高出止水片约 20cm，人工将混凝土送入止水片下部，避免出现砂浆窝，然后将振动棒斜插入止水片下部从一侧向另一侧依次振捣，排出混凝土中的气泡。

5.3 聚乙烯嵌缝板和 SR 填料安装

聚乙烯嵌缝板安装时，应根据结构物的尺寸提前裁剪好相应的尺寸，从下部依次向上安装，同时还应保证嵌缝板达到伸缩缝的底部，不能留有空隙，水平和垂直段相接的两块嵌缝板要密贴无缝隙。为了将嵌缝板固定牢固，采用 3cm 长的水泥钢钉嵌入。铜止水的 U 形鼻内用 SR 填料嵌固，沿铜止水的长度方向从一端向另一端渐进填塞。填塞过程中要注意排出 SR 填料与铜鼻子之间的空气，同时用橡皮锤敲击 SR 填料的边缘部位，使其密实。在其接头部位形成坡形过渡，以利于搭接部位的紧密结合。在 SR 填料填塞后用橡皮锤敲击密实，以保证 SR 填料的嵌填质量。

6 U 形 GB 复合橡胶止水带施工技术

根据"紫铜片＋U 形 GB 复合橡胶止水带"双道止水的结构设计特点，U 形 GB 复合橡胶止水带的施工顺序为：首先在混凝土浇筑过程中预埋 M10 螺栓，混凝土强度达到设计要求后，将槽口表面清理干净；然后对准预埋螺栓安装 U 形 GB 复合橡胶止水带，并通过安装不锈钢压板将橡胶止水带固定密实；最后回填丙乳砂浆和聚硫密封膏。

6.1 预埋螺栓

预埋螺栓采用 M10 螺栓，水平间距 200mm，拐角段间距分别为 64mm 和 76mm。预埋螺栓时通过垫板固定，并且要将其与钢筋连接加固，避免浇筑过程中受混凝土的挤压或振捣棒的影响而产生变位，导致预埋螺栓位置的偏移，务必要保证预埋螺栓定位的准确性。

6.2 接缝处基槽清理

GB 复合橡胶止水带安装前应对接缝处的基槽进行清理，保证基槽清洁干净，以便与橡胶止水带更好地结合。基槽表面处理时，轻微凿毛并将上部的油污或污物清理干净。

6.3 GB 复合橡胶止水带安装

为了确保 GB 复合橡胶止水带与预埋螺栓间无缝隙，止水带的开孔孔径略小于螺栓的直径，开孔孔径为 8mm。将橡胶止水带穿过螺栓，由底板向槽身两侧边墙的顺序依次安装 GB 复合橡胶止水带，均匀按压止水带，以便 GB 复合橡胶止水带与结合面紧贴密实。

6.4 不锈钢压板安装

为了避免不锈钢压板在安装过程中被螺栓卡住，不锈钢压板的孔径根据基槽平直段和折角段实时调整，通过对比试验，平直段不锈钢压板的孔径取 12mm（略大于 M10 螺栓的直径），拐角段压板上的开孔孔径为长槽，便于螺栓顺利穿过压板，同时在压板的接头处安装加强压板。不锈钢压板安装完成后，对称均匀同步拧紧不锈钢螺母，可利于不锈钢压板与止水带之间密贴牢固。应注意的是，螺栓在旋紧的过程中，如果发现 GB 黏结液从止水带挤出，则可证明橡胶止水带与基槽之间已紧密连接。

6.5 丙乳砂浆回填

丙乳砂浆回填前，先将止水槽表面混凝土轻微凿毛并清理干净，以利于丙乳砂浆与混凝土黏结紧密，同时将 U 形 GB 复合橡胶止水带表面上的杂物清理干净，防止因结合面未处理不到位而在通水后形成渗水通道。为了后续聚硫密封膏的回填，结合设计图纸在止水槽的正中安装聚乙烯嵌缝板，最后将丙乳砂浆回填至聚乙烯嵌缝板与基槽壁之间。

6.6 聚硫密封膏回填

待丙乳砂浆终凝并养护 7d 后，按照设计图纸将聚乙烯嵌缝板去除 25mm，并清除丙乳砂浆表面的灰尘，保持表面干燥，然后涂抹聚硫密封胶界面剂，5min 后，界面剂表面微干，再往槽内嵌填聚硫密封膏。

7 结语

在渡槽现浇连续梁工程施工过程中，槽身止水是关键技术点。根据以往经验，龙泉河渡槽合理设计采用了"紫铜片＋U 形 GB 复合橡胶止水带"双道止水，最终取得了显著的施工效果，希望为同类项目提供参考。

参考文献

［1］ 李一欢. 渡槽现浇箱梁施工技术应用［J］. 交通世界，2017（24）：64-65，77.

［2］ 武建军. 浅谈水利工程中止水施工技术的应用［J］. 建筑工程技术与设计，2016（34）：71.

［3］ 黎锁，张羽. 混凝土面板堆石坝面板接缝止水施工［J］. 广西水利水电，2004（3）：37-39.

［4］ 李俊宏. 大型渡槽槽身施工技术进展［J］. 中国农村水利水电，2005（10）：61-63，66.

小直径泥水平衡顶管施工技术
在穿洛河段的应用

【摘　要】　泥水平衡顶管施工技术在国内已广泛应用，但800mm小直径泥水平衡顶管技术在中国水利水电第三工程局有限公司是首次使用。根据场地地质条件，拟采用小直径泥水平衡顶管技术穿越洛河，通过严格施工工艺，加强安全管理和进度管理，保证了顶管施工质量，达到了预期目标。

【关键词】　小直径泥水平衡顶管技术　洛北水系　供水工程

1　工程概况

大荔县洛北水系连通生态治理工程PPP项目，主要包含15km供水工程、荔北湖和东府湖两个蓄水湖面。

供水工程水源取自沙苑湖，在湖边设置加压泵站，供水管线沿创业大道向西敷设穿苏胡村后，向北敷设过洛河。供水管线跨越洛河采用下穿顶管方式，顶管管道材质为DN800成品球墨铸铁管，顶管外包钢筋混凝土管。

2　工程地质和水文地质

穿洛河段场地地貌单元属洛河河谷区。场地地形平坦，地面高程343.30～334.30m，相对高差约9m。依据土体形成的地质年代、成因、岩性、物理力学性质等因素，结合钻探及土工分析资料，场地勘探深度内划分为2层。各层特征自上而下分别叙述如下：

第一层：粉土，褐黄色，稍湿-饱和，松散-稍密，主要由粉粒组成，土质不均，摇震反应中等，干强度低，韧性低，含少量粉砂，层厚7.1～12.9m。土石等级为1级。该层场地内均有分布。

第二层：细砂，黄褐色，稍湿，稍密，主要成分为石英、长石及少量卵、砾石，级配较好，分选性一般。最大揭露厚度7.9m，未揭穿，该层场地内均有分布。

2017年夏秋汛期过后，施工区域由于漫水冲刷浸泡，表层胶泥状淤泥厚0.5～1.5m，前期施工3～4m深基坑基本已淤平，地下水位1.0～1.5m深，土壤含水饱和度高。

3　施工方案选定

供水工程洛河过河段为两道直径为800mm的管道，每道长度760m，间距20m，设计管轴高程327.60m。因本工程处在洛河河滩内，汛期无法施工，根据实际情况，必须在每年10月至次年4月枯水时段完成全部施工。参建各方根据设计要求、现场水文、地质、地形地貌、土地使用现状，综合考虑工期、征地、成本等因素，确定采用水压平衡顶管施工。

4　顶管施工方案

4.1　顶管机选型

顶管选用的掘进机直径为管道外径加8cm，长度4m。采用黏土拌制泥浆，保证机头前方压力平衡。

4.2　顶管施工工艺流程

顶管施工工艺流程见图1。

4.3　井外设备的安设

井外设备主要有：吊车、注浆设备、操作间、输渣管道。顶进注浆是减少摩阻力的有效手段。为了保证注浆和补浆顺利进行，在井口适当位置设置浆液生产和压送系统，主要安装1台搅拌机和1台压浆泵，设立1个泥浆池，并进行试生产和试运转。

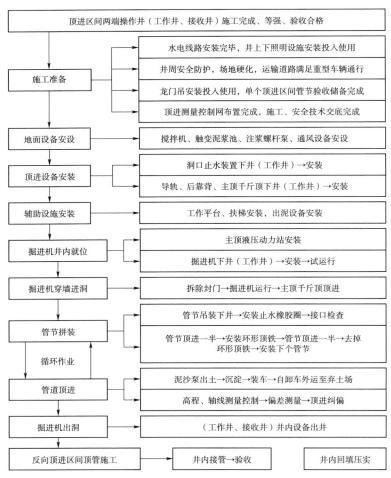

图 1　顶管施工工艺流程图

4.4　顶进设备的安装

（1）导轨安装。导轨是顶进中的导向设备，其安装质量对管道顶进质量影响较大。导轨安装要求反复校测，使导轨中线、高程、轨距、坡度符合设计要求，两导轨顺直、平行、等高，其纵坡与管道设计坡度一致，偏差在允许范围内，导轨面平滑，安装牢固，并经常检查复核。下管后管节与轨面接触成直线。轨底和型钢焊接成一体，并用型钢支撑。

（2）后靠背安装。工作井后靠背必须按设计的最大顶力进行强度和稳定性的验算，保证后靠背具有一定的刚度和足够的强度。施工时保持后靠背的垂直，并使后靠背面与管道中心轴线相垂直，防止后靠背与千斤顶的接触面不平引起应力集中破坏后靠背及前导墙，或会产生顶时力使管道标高产生严重偏差。本工程采用钢筋混凝土井壁作为承压壁，并安装 1 块 3.0m×3.0m×0.3m 的钢靠背，在钢靠背与井壁之间浇筑 C30 素混凝土，后背的安装要确保其受力平面与顶进方向垂直。

（3）主顶千斤顶安装。整体吊装主顶液压动力站平稳安装在工作平台上。根据管径大小，选用相应的推力设备包括：主顶设备为 4 台 200t 推力油缸，油缸行程 2500mm，总推力 800t，油缸固定在拼装式油缸架上。安装在油缸架的油缸水平误差控制在 5mm 以内。

（4）防止泥水流入工作井和触变泥浆流失的措施。为了防止顶管机头进出洞口流入泥水，确保在顶进过程中压注的触变泥浆不致流失，必须事先安装好前墙止水圈。

该工程中采用的止水装置为橡胶法兰组成的止水装置。安装时先装橡胶板，后装钢压板，再上垫圈并用螺帽紧固，使其阻止水流。

4.5　掘进机头井内吊装

（1）吊装设备和专用设备必须牢固可靠，确保安全。吊装顶管掘进机的起重机械要选用有富裕承载的吊车，卸机头时要平稳、缓慢、避免冲击、碰撞，并由专人指挥。

（2）机头安放导轨上后，要测定前、后端中心的方向偏差和相对高差，并做好记录。机头与导轨的接触面必须平稳、吻合。

4.6 掘进机穿墙出洞

（1）穿墙出洞在各种电表、压力表、换向阀、传感器、流量计等进入工作状态，并进行联动调试，确认没有故障后，方可准备出洞。

（2）拆除封门。检查洞口止水圈与机头外壳的环行间隙均匀、密封，无泥浆流入。拆除部分封门砖砌体，其余部分使用顶管机进行磨除。随即将机头切入土中，避免前方土体松动坍落。

（3）顶管进出洞口措施。为防止机头进出洞时下沉，确保进出洞的安全性和可靠性，需对进出洞口地基进行注浆加固。这一地基加固措施是顶管施工中的一项关键工作。

（4）出洞口密封措施。在施工工作井时，预留好出洞预留口，并安装钢压板和橡胶板密封装置。

（5）掘进机出洞措施。将掘进机推进至井壁50cm处停止；在确保安全的情况下，将井壁预留孔处的临时封堵墙凿除；为防止掘进机出洞时产生叩头现象，可延伸导轨，并将前3节钢筋混凝土管与机头做成可调节刚性连接。

推进掘进机，直至洞口止水圈能起作用为止，静候3~4h，测出静止土压力，结合理论数据，定出推进土压力控制系数。

继续推进掘进机，在安装第一节管前，将掘进机与导轨之间进行限位焊接，以免在主顶缩回后，由于正面土压力的作用将掘进机弹回。

4.7 管节拼装

（1）管节在下井前再次检查外观和尺寸，管道的规格、荷载等级、接口型式等需符合图纸的要求。若发现有管端破损，管端面不平整，尺寸误差较大时，不能下井。

（2）将检查过的管节在安放橡胶圈位置一周均匀涂上851聚氨酯防水涂膜，然后安装橡胶止水圈。

（3）在管节端部涂上851聚氨酯防水涂膜后安装木衬板，并在木衬板外侧粘贴一圈遇水膨胀止水胶条。

（4）起吊管节用吊车，吊管时先试吊，吊离地面20~30cm，检查捆扎情况，确认安全后方可起吊。

（5）下管时工作井内严禁站人，当管节距导轨小于50cm时，操作人员方可进入工作，将管节平稳卸入井底轨道上。

（6）安装环型顶铁。

4.8 管道顶进

（1）开始顶进时的启动顺序为：合上总电源开关→合上各分系统的电源开关→开启注油泵→按刀盘控制开关启动刀盘→启动纠偏油泵站→主顶系统进入随时顶进状态→启动渣浆泵，同时启动油泵站及输渣阀门→调整泥浆输送机和主顶千斤顶的速度→启动压浆系统→随时观测掘进机顶进的姿态和趋势→随时将纠偏千斤顶进行微调纠偏，以控制机头方向→随时将纠偏千斤顶进行微调纠偏，以控制机头方向。

（2）暂停顶进时的停止顺序为：停止主顶系统顶进→关闭泥浆输送机出土阀门→关闭加泥润滑系统→停止刀盘前注浆→关闭纠偏系统→关闭刀盘系统→关闭渣浆泵及进水泵。

为保证顶管施工质量，顶管完毕后，应及时用水泥浆置换泥浆套，严格做到泥浆配比合理，浆套完整补浆及时。

（3）输渣流程。泥水平衡顶进施工输渣流程为：高压泵向掘进机仓内输清水，利用水压把泥浆压至渣浆泵内，再由渣浆泵抽送至泥浆池中。

顶管施工示意见图2。

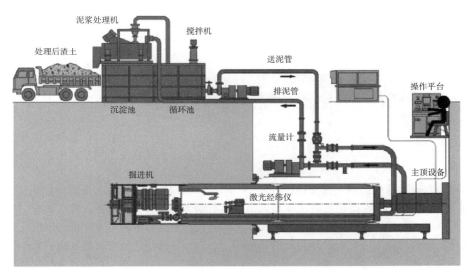

图2 顶管施工示意图

4.9　触变泥浆、填充注浆与内缝嵌缝

为减小顶管阻力，保证开挖面土体稳定，顶进施工中进行注浆。浆液按照按照水：膨润土＝8：1，膨润土：CMC＝30：1进行调制、试用，并根据现场实际情况进行调整。

（1）加注触变泥浆。本工程选顶管机外径比顶进管材外径大8cm，注浆后使土体与管材间形成40mm厚的泥浆环。

根据管道直径、土质条件、计算注浆量，确定每个注浆面上注浆孔的数量。本工程每根管距插口2m处设置4个注浆孔，注浆孔成90°分布。管道贯通后及时处理丝堵和防腐。

注浆从顶管机后的第1节、第2节管开始进行，并通过对注浆分闸门的控制，使管道的前端在顶进过程中始终得到注浆补充。

顶进过程中还通过后续管材的补浆孔进行补浆，补浆孔的间距和数量取决于土质、顶速等，宜相隔2～5节管材布置补浆孔。

注浆压力因管道上方土体的塌落程度、土体的渗透系数及注浆管路沿程压力损失等存在差异，注浆压力控制遵循的原则：①浆液能以较平稳的工作压力连续注入；②防止浆液窜入管道内；③注浆压力上限不允许超过管道上方覆土的承压能力，注浆压力比地下水压力高10～20kPa。

（2）填充注浆。顶管终止顶进后，向管外壁与土层间形成的空隙与减阻触变泥浆层进行充填并置换触变泥浆。填充注浆材料为水泥水玻璃，以防止接头漏水、渗水，并填充管道外壁空隙，保障被穿越的地面构筑物安全。填充注浆的要求：①采用多点注浆由管内均匀分布的注浆孔向外侧空隙压注浆液，并与地面监控相配合，注浆量宜按计算空隙体积的150%控制；②注浆压力根据管顶覆盖土层的厚度计算或试验确定，宜为0.1～0.3MPa；注浆结束后，在规定时间内将注浆孔封闭。

（3）顶管内缝嵌缝。顶管顶进结束后，顶管内缝处理采用SXF－202双组分聚硫密封胶嵌缝，嵌缝深度不小于3cm。

4.10　顶管机的出洞接收

顶管机临近接收井井壁1～2m时，调整、控制顶管机顶进速度，加密对顶管机轴线的测控。掘进机出洞的技术措施：①当掘进机推进接近接收井坑时，减慢速度，并观察井壁变形情况；②精确放样，定出顶管出洞洞口位置；③在确保安全的前提下，将沉井预留孔处的临时封堵墙凿除；④继续推进，直至设计要求为止，将掘进机与后混凝土管脱离。

4.11　机械顶管外壁减阻措施

为了减少顶进阻力，确保后座墙稳定安全，增加顶进长度，提高顶进质量，减少地表变形，施工中采取如下措施：

（1）采用触变泥浆进行地层支撑与减摩。顶管注浆，对机头前部注浆是为了增加被开挖土体的黏度和和易性以改善开挖面状况；机身和管节注浆是为了减小管道外壁与其周围土层的摩擦系数以降低阻力，从而大幅度降低顶力，同时注浆及时充填了土壁与管壁间孔隙，可控制地面沉降。

前部切削面注浆是通过主轴中心孔进行注浆，管道注浆分同步注浆和补浆两部分，各设独立管路。对机头尾端的注浆要紧随管道顶进同步注浆。在每次顶进中必须对顶管机头后的第一个注浆面上压注足够的泥浆，以使其形成完整的泥浆套。其他断面则按顺序做定压量的跟踪补浆。补浆每班不少于2次循环。机头后的连续4只管子均设注浆孔，以后根据土质情况一间一或一间二设注浆孔。

注浆用浆液用膨润土、纯碱、CNC（工业糯糊）等材料加水配置，其比例依据土质条件和注浆位置不同而定。如机头尾部同步压浆材料要求黏滞度高、失水量小、稳定性好，对管道补浆则要求黏滞度较小、流动性较大以适于补充管道外周泥浆的损失。

注浆材料要加水搅拌，在泥浆池静停12h以上才能使用。注浆量为建筑空隙的1.5～2倍。注浆压力要大于地下水压力。压浆使用洞口的螺杆泵通过管路压注。注浆机具设专人操作并详细填写压浆的原始记录。

（2）顶进施工连续作业，减少中间停顿时间。

（3）进行信息化施工，合理选用施工参数，调整处理好正面压力和排土量，顶进速度和顶力，机头纠偏量和偏转角，压浆的压力（位置、数量）和时间的相互关系。

4.12　顶管顶进过程中的纠偏和质量控制

（1）布设在工作井后方的仪器座必须避免顶进时移位和变形，必须定时复测并及时调整。顶进纠偏必须勤测量、多微调，纠偏角度不得大于0.5°。并设置偏差警戒线。

（2）初始推进阶段，方向主要是主顶油缸控制。因此，一方面要减慢主顶推进速度，另一方面要不断调整油缸编组和机头纠偏。

（3）开始顶进前必须制定坡度计划，对每米、每节管的位置、标高须事先计算，确保顶进正确，以最终符合设计坡度要求和质量标准为原则。

（4）选用优良管材并处理好管子接口在顶管施工中十分重要。要按有关规范对管材和密封圈做现场检查验收，如发现不合格品坚决予以退回。

（5）做好管节、承压环顶进各阶段受力稳定计算，制定合理的技术措施。使后背地基受力和管节受力控制在允许范围内。加强操作控制，使顶管均匀平稳顶进。尽可能减少顶进中倾斜、偏移、扭转，防止管壁出现裂缝、变形等。顶进中经常复核机头及管线的中线及高程，搞好测量检查，及时分析纠正顶进中出现的倾斜偏位和扭转，确保管位正确。

（6）若机头前端遇到不均匀的迎面阻力，则机头周围的土压力也不平衡，如施工不慎容易造成轴线偏差，应注意纠偏。当发现机头有超过 10mm/m 的倾斜角或者机头上抬 2cm 以上时，停止顶进，空转刀盘，等机头下沉归位到正常位置后才继续顶进。

（7）纠偏时根据激光光靶的绝对误差结合机头"倾斜角"（可判断机头上仰、或下斜）进行有预见性的纠偏。坚持"勤测微纠少纠"。三个纠偏油缸伸出的长度差值不应超过 25mm，一般每次纠偏不大于 0.5°，若偏差值在 1~2cm 范围内，且机头走向是在减小这个偏差，倾斜角的值在 ±3mm/m 范围内，则尽量控制少纠偏，精心进行施工，确保机头以适当的曲率半径逐步返回到轴线上来。

（8）当顶进路线上同时有高程偏差和中心偏差时，先纠正偏差较大的。

（9）在顶进过程中纠偏油缸保持伸出，以防机头突然遇硬物被卡死，在不纠偏时 3 个纠偏油缸也同时伸出 20mm。

（10）每班校正激光 2 次，每天校正激光 4 次。当在换管时激光标靶信号会中断，操作手时刻注意信号中断前后标靶的位置是否一致，出现不一致时及时校正激光。

4.13　井内顶管衔接段接头处理

井内两端顶管到位后，根据两端轴线错位情况分别确定衔接方案，具体分述如下。

接收井内采用与供水管道内径相同的 2 个承盘（一端承口一端法兰盘）与 1 个法兰管件（两端均为法兰盘）组合对接，即一侧顶管插口＋承盘＋法兰管件＋承盘＋另一侧顶管插口。

工作井内采用与供水管道内径相同的 2 个插盘（一端插口一端法兰盘）与 1 个法兰管件（两端均为法兰盘）组合对接，即一侧顶管承口＋插盘＋法兰管件＋插盘＋另一侧顶管承口。

井内管道衔接段 C20 混凝土包封：为加强井内连接段管道的稳定性，按顶管外径最小包封厚度 0.5m，正方形断面 2m×2m（高×宽），长度与井内径一致，混凝土用泵入仓。

5　结语

泥水平衡顶管施工技术在国内日趋成熟，然而顶管直径及施工环境复杂多变，各有特色。在不同的区域、水文和地质条件下，对于采用明挖方法还是顶管方法，需要从造价和技术等方面综合考虑。本工程施工过程，认真执行小直径泥水平衡顶管施工工艺，顺利实现穿越洛河任务，成功总结出一套在复杂地质条件下小直径泥水平衡顶管施工经验。

高填方下 PHC 管桩加固深层软土路基施工技术

邵　亮/中国电建市政建设集团有限公司

【摘　要】　本文主要对 PHC 管桩、桩帽、褥垫层组合的深层软基加固处理技术进行探析，使 PHC 管桩、桩帽、褥垫层有效结合，提高地基承载力。同时，通过路堤填筑形成土拱效应，避免桩（帽）土顶面的差异沉降反射到路面，减少路基沉降引起的道路病害。

【关键词】　PHC　深层软基处理　桩帽　褥垫层

1　工程概况

安庆市高新区山口片外环西路全长 4068m，实施长度 2892m。外环西路道路规划为城市主干路，道路红线宽 60m。工程所经范围内广布滩涂、湖泊、岗地，依次穿过石门湖湖区、彭加仓岗地、黄金嘴岗地及杨湖水系。其中，石门湖段、杨湖段存在深层软基，需进行软基处理，以提高地基承载力。设计采用预应力高强度管桩（PHC）、桩帽、褥垫层组合软基处理技术，处理段总长约 1200m。

PHC 选用 300mm 直径，70mm 壁厚，A 型桩，桩身 C80 混凝土。PHC 布置分 2m×2m 和 2.5m×2.5m 两种间距形式。石门湖段自上而下为：③层软塑粉质黏土层，厚 0.5～3.8m；④层软塑～流塑状淤泥层，厚 2.3～10.3m；⑤-2 层软塑黏土层，厚 1.1～2.4m；平均设计桩长 16m。杨湖段自上而下为：0.5m 厚淤泥及 4～5.5m 厚③层软塑粉质黏土，平均设计桩长 9m。根据地勘资料和设计要求，管桩桩端持力层为⑧层强风化砂岩，持力层的允许承载力值为 360kPa，桩端深入⑧层强风化砂岩不少于 1m。管桩单桩竖向极限承载力设计值为 955kN。

2　主要施工工艺

主要施工工艺为：桩基素土平台填筑→PHC 施工→成桩检测→桩帽施工→褥垫层施工→路堤填筑。

2.1　施工流程

管桩施工流程见图 1。

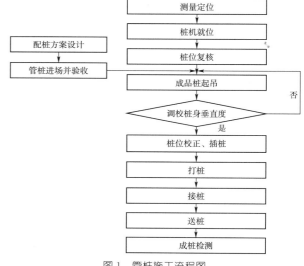

图 1　管桩施工流程图

2.2　主要施工方法

2.2.1　施工准备

机械设备选择 ZYC600 型液压静力压桩机 2 台，主要性能参数为最大压桩力 6000kN、最快压桩速度 5.9m/min、一次压桩行程 2m。该设备具有无污染、无噪声、无振动、压桩速度快、成桩质量高等显著特点。同时根据工程进度需求配备机械操作人员、电焊工和施工人员。

（1）测量定位：准确无误地测量放样出各个桩位。

（2）桩机就位：夯实场地使打桩机能顺利进入，若地基较软可在地基上加铺大块钢板或木板，以加大承载力。

（3）复核桩位：测量人员对桩位进行复测、校核，其偏差不得大于 40mm。

（4）根据施工图绘制桩位编号图，并合理确定配桩方案。同时根据现场实际情况确定沉桩顺序。

（5）在桩身上标出以米为单位的长度标记。施工前应再次逐根检查管桩有无严重质量问题，并对其两端清理干净，如施焊面上有油漆杂物污染，则应清刷干净。

2.2.2 吊装、插桩

用 1 台 25t 自行式吊车配合打桩机进行吊装，人工配合打桩机准确快速地卡入桩，然后移至桩位，期间有专人指挥协调。

一般情况下，插桩入土 30～50cm 为宜，然后进行调校。桩机操作人员在工长的组织、指挥下，掌握好双向角度尺，使打桩机纵横方向保持水平，调校垂直度在允许值以内才能沉桩。沉桩过程中施工员随时观察桩的进尺变化，如遇地质层有障碍物、桩身偏移时，应分行程逐渐调直。插桩前应注意相邻桩的接头位置错开，同一断面接头不超过 25%。

桩打入过程中修正桩的角度较困难，因此，就位时应正确安放。第一节管桩插入地下时，要尽量保持位置方向正确。开始轻轻打下，认真检查，若有偏差应及时纠正，必要时可拔出重打。校核管桩的垂直度采用垂直角，即用两个方向（互成 90°）的经纬仪使导架保持垂直（见图 2）。通过桩机导架的旋转、滑动及停留进行调整。经纬仪应设置在不受打桩影响处，并经常调平，使之保持垂直。插好后将桩锤压向桩顶，此时应缓缓地沉入土中，同时再检查桩锤的桩帽中心是否与中轴一致，并检查桩的方位有无移动，以便进行必要的纠偏，如一切均已妥当，方可开锤施打。

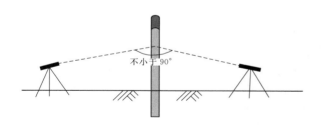

图 2　现场管桩垂直度控制示意图

2.2.3 压桩

在整个压桩过程中，应使桩锤、桩帽、桩身尽量保持在同一轴线上。必要时，应将桩锤及桩架导杆方向按桩身方向调整。要注意尽量不使管桩受到偏心受压，以免管桩受弯受权。每根桩宜连续一次压完，不宜中断，以免难以继续压入。打桩时采用与桩相适应的桩帽和硬木垫层。打桩时详细、准确地填写打桩记录。

2.2.4 接桩

接桩时要注意新接桩节与原桩节的轴线一致，两施焊面上的泥土、油污、铁锈等要预先清刷干净。当下节

桩的桩头距地面 0.5～1.2m 时，即可进行焊接接桩。接桩时可在下节桩头上焊接 2 根钢筋，以便新接桩节的引导就位。上节桩找正方向后，对称点焊 4～6 点加以固定，然后进行施焊，最后将导向钢筋拆除。管桩焊接施工由有经验的焊工按照技术规程的要求认真进行；施焊第一层时，宜适当加大电流，加大熔深。采用手工焊接，第一层用 φ3.2 或 φ4.0 的 E43 型焊条，第二层以后用 φ4.0～5.0 的 E43 型焊条，要保证焊接质量。焊接完毕应自然冷却，5～10min 后方可再施打。

2.2.5 送桩

为将管桩打到设计标高，需要送桩，送桩采用送桩器，送桩器用钢管制作，其长度一般比原地面至桩顶设计标高的距离长 50cm 左右。设计送桩器的原则是打入阻力不能太大，容易拔出，能将冲击力有效地传到桩上，并能重复使用。

送桩工具紧接桩顶部分，安放保护桩顶的硬木垫层，安放前应先将桩顶损伤部分清除并修理平整。桩与送桩工具的纵轴线应尽量保持在同一直线上，送桩必须与打桩一样连续打到规定标高，不得中断。送桩应特别注意最后贯入度，即最后 100cm 桩长的锤击及桩的贯入度。

2.2.6 截桩

当 PHC 管桩由于某种原因无法施打至设计标高时，在征得设计方的同意后，对于高出设计标高的部分进行截除，截除桩头宜用锯桩器截割，严禁用大锤横向敲击或强行扳拉截桩。

2.2.7 桩帽施工

桩帽是将褥垫层中的土压力传至桩身的重要构件，桩顶位于桩帽正中心并插入桩帽一定厚度。桩帽施工时先按设计要求的桩帽尺寸及标高开挖到位后立桩帽四周侧模，绑扎钢筋，检验合格后进行混凝土浇筑和养护。

2.2.8 褥垫层施工

（1）褥垫层施工工艺流程为：铺设碎石→铺设双向钢塑格栅→铺设碎石→夯实。

（2）铺设褥垫层应在桩帽混凝土强度达到设计强度，经检验符合设计要求后进行。褥垫层厚度应符合设计要求，采用的级配碎石，粒径不得大于规范要求。填土前碾压采用小型打夯机进行压实，褥垫层的摊铺厚度应确保压实厚度不小于设计厚度。

（3）双向钢塑格栅采用 16# 小铁丝绑扎搭接，横幅之间搭接宽度 0.2m，纵幅搭接宽度 0.3m。

（4）铺双向钢塑格栅前先人工整平，铺设时理顺、拉直、绷紧土工格栅，不得有褶皱和破损。

3　质量控制要点

3.1　静压法施工质量控制要点

（1）压桩机的型号和配重可根据设计要求和岩土工

程勘察报告或根据试桩资料等因素选择。

（2）沉桩场地应满足压桩机接地压力的要求，当不能满足时，应采取有效措施保证压桩机的稳定。

（3）静压法沉桩用于软土地区时，必须充分考虑地基承载力问题。

（4）沉桩顺序应符合下列原则：

1）空旷场地沉桩应由中心向四周进行；某一侧有需要保护的建（构）筑物或地下管线时，应由该侧向远离该侧的方向进行。

2）根据桩型、桩长和桩顶设计标高，宜先深后浅，先长后短，先大后小。

3）沉桩机运行线路应经济合理，方便施工。

（5）管桩沉桩时应符合下列要求：

1）首节桩插入时，垂直度偏差不得大于0.5%。

2）压桩时压桩机应保持水平。

3）沉桩宜连续一次性将桩沉到设计标高，尽量缩短中间停顿时间，应避免在接近持力层时接桩。

（6）沉桩过程应有完整的记录。

（7）压完一根桩后，若有露出地面的桩段，应先截桩后移机，严禁用压桩机将桩强行扳断。

（8）沉桩过程中出现压桩力异常、桩身漂移、倾斜或桩身及桩顶破损，应查明原因，进行必要的处理后，方可继续施工。

（9）终压标准应根据工程地质条件、设计承载力、设计标高、桩型等综合考虑，应通过试桩确定终压力及单桩承载力特征值，终压力不得小于2倍特征值，且终压力保持3min内桩顶位移未发生突变。

（10）终压后的管桩应采取有效措施封住管口。送桩遗留的孔洞，应立即回填或覆盖。

3.2 工程质量检验和验收要点

3.2.1 一般规定

（1）预应力管桩桩基工程应进行桩位、桩长、桩径、桩身质量和单桩承载力的检验。

（2）预应力管桩桩基工程的检验按时间顺序可分为三个阶段：施工前检验、施工检验和施工后检验。

1）施工前检验。管桩运到工地后，应作下列内容的检查：①管桩规格、型号的核查；②管桩的尺寸偏差、外观质量的抽检；③管桩端板或机械啮合接头连接部件的抽检；④管桩结构钢筋的抽检；⑤管桩堆放及桩身破损情况的检查等。

2）施工检验。压桩施工过程中工程质量检查和检测的主要内容应包括下列内容：①桩的定位及压桩就位前的复测；②压桩机具的检查；③桩身垂直度检测；④桩接头施工质量监控；⑤终压监控；⑥压桩记录的审核；⑦桩挤土穿过（进入）密实的砂土或密实的粉土层、穿过（进入）超固结黏性土可能产生挤土效应造成桩身上浮时，沉桩时的桩顶标高和全部工程桩沉桩完成

后的桩顶标高监测。

3）压桩对周围环境影响的监测。

（a）桩位经施工单位放线定位后，监理人员应对桩位进行复核。在压桩过程中，应随时注意桩位标记的保护，防止桩位标记发生错乱和移位。

（b）桩身垂直度检测应符合下列规定：①应检查第一节桩定位时的垂直度，当垂直度偏差不大于0.5%时，方可开始打（压）桩；②在压桩过程中，应随时注意保持送桩器和桩身的中心线在同一直线上；③送桩前，应按施工工艺中有关规定规定，检查桩身的垂直度；④测量桩身垂直度可用吊线锤法，需送桩的管桩桩身垂直度可利用送桩前桩头露出自然地面1.0~1.5m时测得的桩身垂直度作为该成桩的垂直度。

（c）上浮桩顶标高测量主要进行如下工作：①压桩过程中，对工程桩总数的20%进行单桩沉桩完成时的桩顶标高（单桩沉桩完成时立即测量桩顶标高并记录）；②全部工程桩沉桩完成后，对先前测量过桩顶标高的桩进行桩顶标高复测并记录，计算前后标高差；③当发现桩顶上浮超过10mm时，应对全部工程桩进行复压。

（d）压桩对周围环境影响的监测应注意下列几点：①压桩过程中，应根据施工工艺的规定和施工组织设计（施工方案）的安排，监控压桩顺序；②压桩挤土可能危及四周的建筑物、道路、市政设施等，压桩时应密切注意四周建（构）筑物和工地现场土体的变化；③沉桩完成后，应检查基桩管口及送桩遗留孔洞的封盖情况。

4）施工后检验。应对桩进行下列检验：①截桩后的桩顶标高；②桩顶平面位置；③桩身的完整性；④单桩承载力。

3.2.2 工程质量验收

（1）当桩顶设计标高与施工场地标高基本相同时，桩基工程的质量验收应待打桩完毕后进行。

（2）当桩顶设计标高低于施工场地标高，需送桩时，在每一根桩的桩顶沉至场地标高时应进行中间检查后再送桩，待全部桩基施工完毕，并开挖到设计标高时，再作质量检验。

（3）桩基工程验收时应提交下列资料：

1）管桩的出厂合格证、产品检验报告。

2）管桩进场验收记录。

3）桩位测量放线图，包括桩位复核签证单。

4）经批准的施工组织设计或管桩施工专项方案及技术交底资料。

5）沉桩施工记录汇总，包括桩位编号图。

6）沉桩完成时桩顶标高、复压后桩顶标高及开挖完成后桩顶标高。

7）管桩接桩隐蔽验收记录。

8）沉桩工程竣工图（桩位实测偏位情况、补桩位置、试桩位置）。

9）质量事故处理记录。

10）试沉桩记录。

11）桩基静载试验报告和桩身质量检测报告。

12）管桩施工记录，包括孔内混凝土灌实深度、配筋或插筋数量、混凝土试块强度等记录。

4　结语

采用 PHC 预应力高强混凝土管桩对软基进行加固，其桩身混凝土强度高，可打入密实的砂层和强风化岩层。由于挤压作用，桩端承载力可比原状土质提高 70％～80％，桩侧摩阻力提高 20％～40％。PHC 预应力高强混凝土管桩的单位承载力造价比沉管灌注桩、钻孔灌注桩和人工挖孔桩低，且预应力高强混凝土混凝土管桩的机械化施工程度高、避免水下工程、改善劳动条件、施工速度快、工效高，有利于缩短工期，提前实现项目的经济效益和社会效益，在市政道路工程等软土路基处理中得到广泛应用。

凤凰寨隧洞1号支洞穿越断层破碎带施工技术

代平玉/中国水电基础局有限公司

【摘　要】　鄂北地区水资源配置工程凤凰寨隧洞1#支洞穿越F19断层破碎带时，遇到多处线状流水、塌方等情况。施工中采用了超前地质预报、超前小导管注浆加固围岩，调整爆破参数，短进尺及台阶法开挖洞室，加强和加快支护，加强围岩监控和增设管棚、预注浆等技术，本文对之做一介绍。

【关键词】　隧洞　断层破碎带　超前地质预报　管棚

随着我国隧洞建设的发展，在施工中常常面临很多不良工程地质和水文地质状况，比如围岩风化严重，围岩破碎松散，断层，丰富的地下水等。在这样的环境下，如果没有根据实际情况进行对应的施工方法调整，很可能导致围岩失稳，隧洞变形甚至坍塌。本文介绍凤凰寨隧洞1#支洞穿越F19断层破碎带的施工技术。

1　工程概况

湖北省鄂北地区水资源配置工程是从丹江口水库清泉沟隧洞进口引水，向沿线城乡生活、工业和唐东地区农业供水，解决鄂北地区干旱缺水问题的一项大型水资源配置工程。本标段名称为湖北省鄂北地区水资源配置工程2016年第11标段张家桥明渠—河口湾明渠设计施工总承包，建设地点在湖北省广水市。

凤凰寨隧洞为长隧洞，全长10.13km，设置3条施工支洞。工程区域地处低山丘陵区，隧洞埋深比较小，局部洞段上覆基岩厚度小于3倍洞径。围岩条件比较复杂：主要岩性包括片岩夹大理岩、变辉长辉绿岩，饱和单轴抗压强度较低，完整性比较差；有多条大型断裂带通过隧洞区，并存在岩浆岩和接触蚀变带；隧洞洞身在地下水位以下。

1#支洞位于主洞桩号221+670处，长度505m。受断层F19影响，在桩号0+82开始出现涌水地段和地质破碎带，并在桩号0+82～0+89围岩右侧出现塌方（见图1）。

图1　凤凰寨隧洞1#支洞桩号0+82～0+89
围岩右侧出现塌方

2　处理方法的选择

当隧洞出现穿越断层破碎带时，常规的施工方法无法保证隧洞的施工安全，需要对施工方法进行调整。在这样的施工条件下，结合实际情况研究并总结出以下施工方法：超前地质探、超前小导管注浆进行围岩加固，调整爆破参数，采用短进尺及台阶法进行洞室开挖，加强和加快支护方式，加强围岩监控和增设管棚、预注浆等。

1#支洞V类围岩开挖一次支护设计见图2。

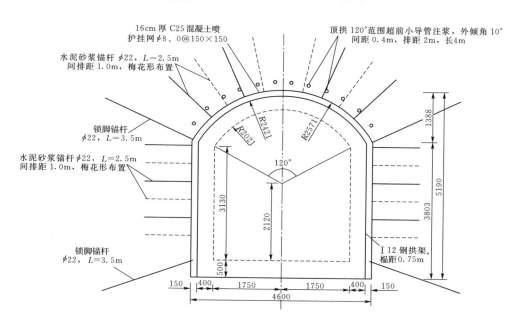

图2　1#支洞V类围岩开挖—次支护设计图

3　施工步骤

遇到断层破碎带隧洞施工时，应遵循"先治水、短开挖、弱爆破、强支护、早衬砌、勤检查、稳前进"的指导原则。

3.1　超前地质预报

对设计方提供的工程地质和水文地质资料进行详细分析，当出现明显涌水或渗水时，为确保施工安全，必要时应进行 TST 和 CFC 地质超前预报，勘察掌子面前方断层及影响带、节理裂隙发育带、岩溶和含水性情况，判断不良质地的位置、形式和规模，并采取相应措施。图3是凤凰寨隧洞1#支洞0+83处掌子面CFC和TST超前预报成果。

偏移图像反应反射波相干能量的分布。图像的水平坐标为里程及距掌子面的距离，红色、黄色条纹表示相干能量强，反射波强，含水量大的界面，绿色次之，蓝色含水量少。

根据图3的图像做出的CFC预报成果如下：

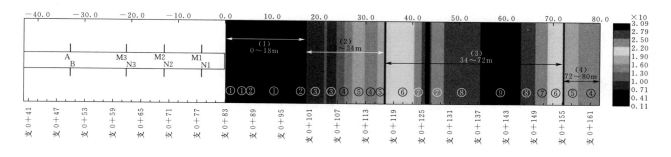

图3　CFC合成孔径图像
①—蓝色；②—淡蓝色；③—深绿色；④—绿色；⑤—淡黄色；⑥—黄色；⑦—浅黄色；⑧—淡红色；⑨—红色

（1）0~18m（支0+83~支0+101）：CFC图像以蓝色为主，反射波较弱，推断出此段围岩含水量与当前掌子面变化不大，以滴水或少量线状流水为主。

（2）18~34m（支0+101~支0+117）：CFC图像以黄绿色为主，反射波增强，推断出此段围岩含水量升高，以线状流水为主。

（3）34~72m（支0+117~支0+155）：CFC图像以红、黄色为主，反射波较强，推断出此段围岩含水较多，存在红色强反射带，含水量较大，有涌水可能。

（4）72~80m（支0+155~支0+163）：CFC图像以黄、绿色为主，反射波稍强，推断出此段围岩含水量略高，以线状流水为主。

图 4 是凤凰寨隧洞 1♯ 支洞 TST 超前预报结果。图 4 (a) 中横坐标为隧洞里程（单位：m），纵坐标为隧洞横向距离（单位：dm），灰色条纹表示岩体由硬变软的界面，黑色表示由软变硬的界面。围岩速度分布反映岩体力学形状的分布。图 4 (b) 中横坐标表示里程（单位：m），纵坐标表示围岩波速值（单位：m/s）。波速高表示围岩完整、弹性模量高；波速低表示岩体破碎、弹性模量低。波速图像与地质构造图像有很好的对应性。

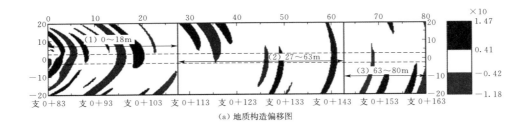

(a) 地质构造偏移图

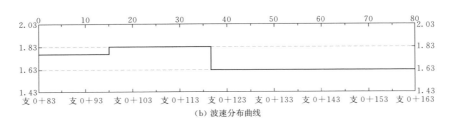

(b) 波速分布曲线

图 4　TST 超前预报结果

根据图 4 做出 TST 预报成果如下：

（1）0～27m（支 0+83～支 0+110）：纵波波速为 2730m/s，强度低。偏移图像中显示，在 13～27m 隧洞存在一条黑灰条纹，其余区域黑灰条纹较少。推测该段岩体破碎，可能为软弱夹层或小规模破碎带。

（2）27～63m（支 0+110～支 0+146）：纵波波速为 2430m/s，强度低。偏移图像中显示，区域黑灰条纹较少。推测该段岩体进一步破碎，可能为软弱夹层或破碎带。

（3）63～80m（支 0+146～支 0+163）：纵波波速为 2920m/s，强度低。偏移图像中显示，区域黑灰条纹较少。推测该段岩体节理裂隙较少发育，完整性稍好。

3.2　开挖方法选择

隧洞开挖方法的选择主要由其地质、环境、安全等条件来确定，根据实际情况决定采用短阶梯法分层开挖作为基本施工方法，同时爆破孔、炸药单耗均应根据围岩变化及时修改和调整，尽量减少爆破对周边围岩破坏程度。

3.3　超前支护与加固

由于不良地质条件下围岩自稳能力差，开挖后需要及时做好初期支护，并封闭成环，以提高承载能力。当短阶梯法不满足施工要求时，可先护后挖。如围岩进一步恶化，必要时采用预注浆施工方法，在城门洞型周边布置注浆孔。注浆孔向外倾斜，与洞壁有一定夹角，待终凝后进行下道工序施工。

凤凰寨隧洞采用初期锚喷支护、后期断面钢筋混凝土衬砌型式。拱部采用超前小导管注浆预支护，格栅钢架配合系统锚杆、挂网、喷混凝土联合支护。

（1）超前小导管支护。在隧洞开挖前沿隧洞周边钻孔打入带孔的小导管，由上而下向小导管内注浆。浆液由导管渗透到岩层中，待浆液硬化后，即可起到固结周边岩体的作用。

（2）锚杆制作安装。系统锚杆和锁脚锚杆主要作用是加固钢拱架，采用手风钻钻孔，孔径 42mm，锁脚锚杆长度 3.5m，系统锚杆长度 3.0m。

（3）钢筋网、拱架。在不良地质段，钢拱架由Ⅰ12 调成Ⅰ16 工字钢，钢拱架间距由 0.8m/榀调成 0.5m/榀，将挂网的钢筋网片钢筋由Φ6.5 调成Φ8.0。

（4）喷护混凝土。在钢拱架、挂网、锚杆施工完毕后及时分层喷射混凝土至设计要求厚度。

3.4　混凝土衬砌施工

在凤凰寨隧洞 1♯ 支洞桩号 0+69～0+87 处出现塌方，需对塌方体进行加固处理。经研究决定临时对已经塌方的塌方体坡脚处用袋装土进行围挡，围挡高度 0.6m，并对塌方体进行喷护、灌浆处理，阻止塌方体进一步下滑。然后对桩号 0+69～0+87 处进行二次混凝土衬砌施工。对桩号 0+69～0+79 和桩号 0+84～0+87 进行衬砌，预留桩号 0+79～0+84 段先不做二次衬砌，作为"管棚支护"施工工作面，衬砌厚度为 30cm，用Ⅰ12 的钢拱架代替衬砌混凝土环向钢筋，Ⅰ12 钢拱架间距 40cm，二次衬砌混凝土中连接钢筋采用 HRB400 $\phi22@200$。衬砌混凝土时预埋混凝土回填钢管、灌浆管及排水管。待"管棚支护"施工完成后再进行桩号 0＋79～0＋84 段二次混凝土衬砌。

3.5 管棚施工

大管棚超前支护工艺流程为：施工准备→套拱施工→搭设钻孔平台→安装钻机→钻孔→管棚安装→管内注浆→下道工序。

3.5.1 定向和布孔

管棚布孔参照设计图纸，测量放样定孔位，相邻孔位误差不大于 5cm。管棚定向采用套拱，已保证管棚的角度，同时预埋导向管，导向管长 2m，导向管方向严格按外偏角设置并固定在钢架上。

3.5.2 钻孔

（1）钻孔前先检修钻孔机具，确保其正常运转，并检查水压能否达到施工要求，钻孔时严格按放样位置开钻。

（2）开钻上挑角度控制在 $3°～5°$ 之间，并随时检查角度值和钻进方向，以避免因钻杆太长、钻头自重下垂或遇到孤石钻进方向不易控制等。

（3）钻孔速度应保持匀速，特别是钻头遇到夹砂土层、孤石时，控制钻进速度，以避免发生夹钻或钻偏。

（4）钻孔过程中应根据实际情况采取各种措施确保成孔质量。

3.5.3 安装管棚

（1）钢管提前预制加工，合理分段，并运到施工现场。

（2）成孔后及时检查并安装管棚钢管，防止坍孔，钢管逐节顶入，采用丝扣连接。

（3）钢管顶入后，将钢管与钻孔壁间缝隙填塞密实，并在外露端焊上法兰盘与注浆管口连接牢固，严格检查焊接强度和密实度。

3.5.4 管棚注浆

（1）施工准备。首先检查机械是否正常运转，管路是否通畅。确认正常后先做压浆试验，确定注浆参数无误，正式压浆。

（2）注浆。水泥浆拌制均匀，注浆采用间隔形式进行，过程中要随时检查孔口、邻孔、其他坡面处有无串浆现象，如有串浆，立即停止注浆，用锚固剂、速凝水泥砂浆等进行封堵。

（3）结束标准。采用终压和注浆量双控制。以单管设计注浆量为标准，当注浆压力达到设计终压不小于 20min，进浆量仍达不到设计标准时，也可结束注浆。

（4）效果检查。开挖检查浆液渗透及固结状况，根据压力浆量曲线分析判断，没达到设计要求时，应进行补孔注浆，同时注浆固结 12h 后才可进行开挖施工。

3.5.5 施工监测

由于隧洞施工受不良地质条件影响非常大，采取必要的检测方法很有必要。在隧洞开挖施工过程中，对已施工完毕的不良地质段加强监测，监测项目有：拱顶下沉（每隔 2～4m 布设一组监测点，每组监测点不小于 5 个）周边收敛（每隔 2～4m 布设一组监测点，每组监测点不小于 5 个）、地表下沉（每隔 5～10m 布设一组监测点，每组监测点不小于 3 个）。

4 结语

凤凰寨 1♯ 支洞隧洞断层破碎带开挖时，各工序分别及时采取一系列有效措施，安全地度过了不良地质段，为工程顺利推进、安全可靠、质量优良提供了保障，可供同类工程参考。

在隧洞施工中遇到的地质问题往往千差万别，不尽相同，有时甚至是诸种不良地质叠加和组合，施工中要根据不同的地质情况采用不同的施工措施。只要掌握了不良地质的性质、规模和在隧洞的出露位置，才能准确地采取施工支护方法，并在保证施工进度的基础上最大限度地确保施工安全和质量。

参考文献

[1] 刘云霞. 不良地质隧洞开挖的止水加固技术 [J]. 工业 C，2016（2）.

[2] 葛诗权. 隧道施工技术和质量控制 [J]. 化工矿物与加工，2009.

[3] 地下工程防水技术规范：GB 50108—2008 [S]. 北京：中国计划出版社，2008.

[4] 赵永贵，蒋辉，赵晓鹏. TSP203 超前预报技术的缺陷与 TST 技术的应用 [J]. 工程地球物理学报，2008，（3）：266－273.

[5] 陈志清. 探讨超前长管棚支护在隧道工程中的应用 [J]. 城市建设理论研究，2013（12）.

无盖重固结灌浆在象鼻岭水电站碾压混凝土大坝中的应用

路丙辉　曹　戈　孙　杰／中国水利水电第三工程局有限公司

【摘　要】 本文介绍了无盖重固结灌浆在象鼻岭水电站碾压混凝土大坝中的应用，解决了固结灌浆工程量大、范围广、交叉作业施工难度高、钻孔易破坏埋设的冷却管路和其他埋件等问题可为同类工程提供参考。

【关键词】 无盖重　固结灌浆　碾压混凝土大坝

1　工程概况

象鼻岭水电站位于贵州省威宁县与云南省会泽县交界处的牛栏江上，系牛栏江流域中下游河段规划梯级的第三级水电站，牛栏江为金沙江右岸一级支流。

象鼻岭水电站以发电为主要目标，水库正常蓄水位为 1405.00m，相应库容 2.484 亿 m³，枢纽建筑物由碾压混凝土拱坝、右岸引水系统和地下厂房等组成。拱坝坝顶高程 1409.50m，最大坝高 141.50m，坝顶长 459.21m，坝顶宽 8m。现为我国第二高碾压混凝土双曲拱坝，是我国百米级高碾压混凝土拱坝中技术难度较高，也是其深入发展的标志性工程之一。

大坝坝基主要岩性为灰黑色致密块状玄武岩和凝灰质玄武岩及集块岩。由于玄武岩具有气孔状、杏仁状结构，且节理多，节理面多成五边形或六边形，构成柱状节理。此类地层易受到开挖扰动，多形成细微裂隙。拱坝坐落位置见图1。

图1　拱坝坐落位置图

2　施工难点

象鼻岭水电站坝基固结灌浆钻孔工程量达 1.5 万余 m，工期紧，任务重，并与混凝土施工干扰较大。原固结灌浆设计是有盖重灌浆，即大坝混凝土浇筑 1 层后，立即进行固结灌浆施工，但由于坝体内有包括冷却管路等多种埋件，固结灌浆施工中难免会因多种原因造成埋件破坏。

为确保固结灌浆施工能保质保量的按期完成，为大坝总体工期提供有效保障，进行了无盖重固结灌浆施工方法的研究。主要目的是为解决碾压式混凝土高拱坝施工中，坝基固结灌浆与坝体混凝土浇筑的互相影响、互相干扰及高拱坝反作用力下，玄武岩地层采用无盖重固结灌浆加固是否满足承载力要求等难题。无盖重固结灌浆可免除钻孔对埋设在坝体内的埋件的破坏。

3　技术优点

固结灌浆是大坝施工关键线路的项目，严重制约着大坝浇筑、电站蓄水发电。原设计方案为有盖重施工，即在碾压混凝土浇筑、等强后，进行该部位固结灌浆施工，并在质量检查后再进行大坝混凝土浇筑。施工中混凝土浇筑和固结灌浆相互影响、相互制约，影响了总的施工进度。无盖重固结灌浆将会避免交叉作业，加快施工进度，缩短了工期，并能解决钻孔破坏埋件等问题。具有保证工期和灌浆质量的双重优势。有盖重固结灌浆和无盖重固结灌浆施工示意图见图 2 和图 3。

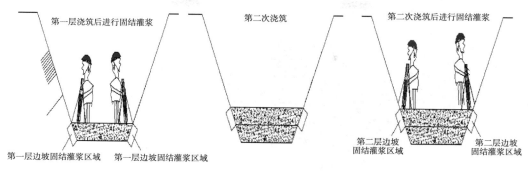

第一层浇筑后进行固结灌浆　　　　第二次浇筑　　　第二次浇筑后进行固结灌浆

第一层边坡固结灌浆区域　第一层边坡固结灌浆区域　　　　第二层边坡固结灌浆区域　第二层边坡固结灌浆区域

图2　有盖重固结灌浆施工示意图

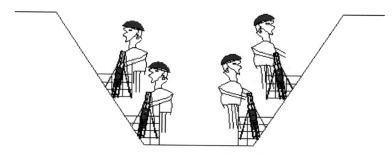

图3　无盖重固结灌浆施工示意图

4　施工流程

无盖重固结灌浆施工工艺流程：钻、灌准备（钻孔放样、设备安装）→第一段造孔→冲洗、压水→灌浆→第二段施工→……→封孔→引管埋设→引管灌浆→结束。流程见图4。

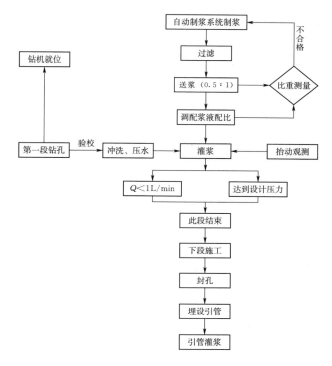

图4　无盖重固结灌浆流程图

5　施工方法

5.1　灌浆孔位布置和放样

根据设计要求，大坝坝基固结灌浆孔布置间排距为3m×3m，梅花形布置，见图5。

5.2　钻孔

根据实际情况采用相适宜的钻机和钻头钻进，孔径不小于38mm，孔位偏差不大于10cm，孔向、孔深应满足设计要求。钻孔时要避开喷护混凝土中的钢筋网，以及盖重混凝土中的预埋件和钢筋等。

5.3　冲洗

灌浆孔（段）在灌浆前进行孔壁冲洗与裂隙冲洗，直至回水澄清，且不大于20min方可结束。灌浆孔的冲洗压力为本段灌浆压力的80%，且不大于1MPa。

5.4　压水

无盖重固结灌浆灌前压水试验应在裂隙冲洗后进行，选择有代表性的Ⅰ序孔做简易压水试验，压水试验孔数不宜少于总孔数的5%。压水压力为灌浆压力的80%。该值若大于1MPa时，采用1MPa。压水20min，每5min测读一次压入流量，取最后的流量值作为计算流量，其成果以透水率表示。

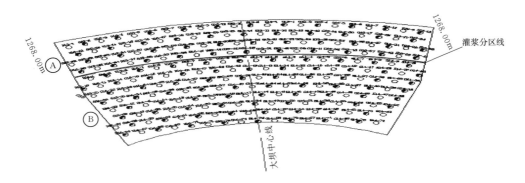

图5 大坝坝基灌浆孔位布置示意图

5.5 无盖重固结灌浆

5.5.1 灌浆方法

灌浆采用孔内循环、自上而下分段灌浆法。射浆管出口与孔底的距离不大于0.5m。灌浆塞安装在已灌浆孔段底部50cm处。条件允许时，亦可采用并联灌浆，但孔数不宜多于3个，严禁串灌；软弱地质结构面和结构敏感部位，严禁进行多孔并联灌浆。

固结灌浆分两序进行，按分序加密的原则控制，先灌注Ⅰ序孔，再灌注Ⅱ序孔。同区域内Ⅱ序孔必须在周围Ⅰ序孔完成后进行。

灌浆过程采用灌浆自动记录仪记录，浆液比重采用泥浆比重称进行抽测，保证浆液满足要求。

5.5.2 浆液配比

固结灌浆采用纯水泥浆灌注，灌浆水灰比分别为2∶1、1∶1、0.8∶1、0.5∶1四个水灰比级，开灌水灰比2∶1，由稀变浓，逐级变换。灌浆过程中，浆液比重采用比重秤进行定时抽测，在施工中，浆液满足施工要求，水泥浆液配合比见表1。

表1 固结灌浆水泥浆液配合比表

水灰比	400L		比重
	水泥/kg	水/kg	
2∶1	172.2	344.4	1.29
1∶1	302.4	302.4	1.51
0.8∶1	356.4	285.06	1.60
0.5∶1	486.2	243.14	1.82

5.5.3 灌浆分段和灌浆压力

灌浆应尽快达到设计压力，对于注入率较大或易于抬动的部位分级升压，严禁低压灌浆高压结束。固结灌浆分段和压力见表2。

表2 固结灌浆分段和压力表

项目名称	断次	基岩内孔深/m	灌浆压力/MPa			
			Ⅰ序排		Ⅱ序排	
			Ⅰ序孔	Ⅱ序孔	Ⅰ序孔	Ⅱ序孔
6m深孔	1	0~6	0.5	0.5	0.5	0.5
8m深孔	1	0~3	0.5	0.5	0.5	0.5
	2	3~8	0.8	0.8	1.0	1.0
12m深孔	1	0~3	0.5	0.5	0.5	0.5
	2	3~7	0.8	0.8	1.0	1.0
	3	7~12	1.0	1.0	1.5	1.5

5.5.4 变浆标准

（1）当灌浆压力保持不变，注入率持续减少时，或当注入率保持不变而灌浆压力持续升高时，不得改变水灰比。

（2）当某一比级浆液注入量已达300L以上，或灌注时间已达30min，而灌浆压力和注入率均无显著改变时，换浓一级水灰比浆液灌注。

（3）当注入率大于30L/min时，根据具体情况，可越级变浓。

5.5.5 灌浆结束标准

固结灌浆在规定的压力下，当注入率不大于1L/min，持续30min，灌浆即可结束。

5.5.6 封孔

固结孔灌浆孔、物探孔和检查孔等结束后，采用"全孔灌浆封孔法"进行封孔，并将孔口抹平。封孔灌浆水灰比为0.5∶1浓浆，全孔一次灌满；灌浆压力为全孔最大灌浆压力。

5.5.7 抬动观测

为防止喷护混凝土抬动，在不同地质灌浆段的施工中安装抬动观测装置，抬动值控制在0.2mm以内，在灌浆过程中连续进行观测记录。在抬动值控制范围内调整选择灌浆压力。

5.6 引管灌浆

无盖重固结灌浆建基面1m以下灌浆结束后进行混凝土施工，混凝土强度达到70%设计强度后方可进行浅层1m引管灌浆施工。

5.6.1 引管埋设

在固结灌浆完成后，在原固结灌浆孔旁边钻1m的孔，并按照设计要求的浅层引管灌浆法将灌浆管和回浆孔埋好，引至坝后。各管统一编号，并做好管口保护。在埋管前，应进行孔内冲洗，保证孔内灌浆通道畅通，浅层。

引管灌浆系统的安装必须在坝体混凝土浇筑前完成，各灌区的灌浆系统包括进浆管、回浆管、出浆管、排气管、排气槽和止浆片等。

各引管灌浆区的管路应集中就近引至廊道或坝后，各管应做好编号说明，管口应妥善保护。

5.6.2 引管灌浆

浅层引管灌浆开灌水灰比为2∶1，由稀变浓，逐级变换，灌浆压力为0.5MPa，根据现场灌浆情况可适当调整。灌浆压力以灌区顶部排气槽同一高程处的排气管管口压力为准控制。

灌浆结束条件：当排气管排浆达到或接近最浓比级浆液，且排气管管口压力达到设计压力，注入率不大于0.4L/min时，持续20min，灌浆可结束；灌浆结束时，应先关闭管口阀门再停机，闭浆时间不少于8h。

6 固结灌浆施工成果检查对比分析

6.1 固结灌浆成果分析

固结灌浆自2015年5月14日开始施工，至2016年7月14日结束，共完成固结灌浆14939m，其中有盖重固结灌浆13个单元共计4708.0m，无盖重固结灌浆20个单元共计10231m。

大坝有盖重固结灌浆孔平均单耗116.95kg/m，平均单耗最大在16单元为162.7kg/m，平均单耗最小在28单元为96.9kg/m。Ⅰ序孔平均单耗为153.4kg/m，Ⅱ序孔平均单耗为82.8kg/m，Ⅱ序孔单位耗灰量比Ⅰ序孔单位耗灰量平均减少70.6kg/m。

大坝无盖重固结灌浆孔平均单耗99.92kg/m，平均单耗最大在5单元为148.8kg/m，平均单耗最小在JM03单元为34.8kg/m。Ⅰ序孔平均单耗为126.5kg/m，Ⅱ序孔平均单耗为74.4kg/m，Ⅱ序孔单位耗灰量比Ⅰ序孔单位耗灰量平均减少52.1kg/m。

无盖重固结灌浆比有盖重固结灌浆Ⅰ序孔单位耗灰量平均减少26.9kg/m，Ⅱ序孔单位耗灰量平均减少18.5kg/m。总体单位耗灰量平均减少17.0kg/m。

根据上述对比分析，无盖重固结灌浆分序灌浆效果变化显著，符合灌浆规律，注入灰量与有盖重固结灌浆相差不大，可灌性好。

6.2 灌前灌后压水分析

（1）有盖重固结灌浆最大吕荣值2.94Lu，最小吕荣值0.57Lu，平均1.56Lu。压水0~1Lu区间频率占25.4%，1~2Lu区间频率占57.6%，2~3Lu区间频率占16.9%。

（2）无盖重固结灌浆最大吕荣值2.88Lu，最小吕荣值0.08Lu，平均1.61Lu。压水0~1Lu区间频率占21.7%，1~2Lu区间频率占55.0%，2~3Lu区间频率占27.3%。

（3）有盖重、无盖重固结灌浆压水透水率均小于3Lu，满足设计要求。

（4）压水0~1Lu区间频率无盖重比有盖重频率低3.4%，压水1~2Lu区间频率两者基本一样，压水2~3Lu区间频率无盖重比有盖重频率高10.4%（见图6）。因坝基表层岩石结果破碎，加之受开挖扰动的影响无盖重固结灌浆第一段灌浆效果差于有盖重固结灌浆，下面段次灌浆效果良好。

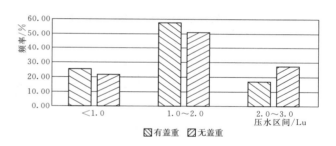

图6 无盖重和有盖重压水区间频率对比图

6.3 灌后第三方声波测试分析

声波设计控制标准：坝基岩石灌后声波检测纵波波速不小于4500m/s，两坝肩1360.00~1268.00m高程部位声波检测纵波波速不小于4200m/s，两坝肩1360.00m高程以上部位岩石灌后声波检测纵波波速不小于3500m/s，断层、夹层、裂隙发育部位岩体纵波波速不小于3500m/s。声波检测对比设计控制标准，灌浆后岩体声波波速达到以下两项要求时可认为固结灌浆质量合格：90%的测点声波达到设计标准，波速小于设计标准85%的测点不超过总测点数的3%，且不集中。

（1）坝基部位有盖重声波v_p最小值为3510m/s，v_p最大值为6250m/s，v_p平均值为5224.1m/s（设计标准$v_p \geq 4500$m/s）。90%的测点声波达到设计标准，波速小于设计标准85%的测点有2个单元，分别占比2.4%、1.6%均不超过总测点数的3%，且不集中。

（2）坝肩1360.00m高程以上部位有盖重声波v_p最

小值为 2820m/s，v_p 最大值为 5410m/s，v_p 平均值为 4000.5m/s（设计标准 $v_p \geqslant 3500$m/s）。90％的测点声波达到设计标准，波速小于设计标准85％的测点有1个单元，占比 2.4％不超过总测点数的3％，且不集中。

（3）坝肩 1360.00～1268.00m 部位无盖重声波 v_p 最小值为 3510m/s，v_p 最大值为 6250m/s，v_p 平均值为 5078m/s。（设计标准 $v_p \geqslant 4200$m/s）。90％的测点声波达到设计标准，波速小于设计标准85％的测点有1个单元，占比 2.6％不超过总测点数的3％，且不集中。

（4）坝肩 1360.00m 高程以上部位无盖重声波 v_p 最小值为 3510m/s，v_p 最大值为 5710m/s，v_p 平均值为 4450.0m/s（设计标准 $v_p \geqslant 3500$m/s）。100％的测点声波达到设计标准。

（5）无盖重纵波波速平均值 5092.2m/s，有盖重纵波波速平均值 4961.1m/s，两者波速检测效果基本相等，均符合设计要求

6.4 施工效果

通过有盖重与无盖重灌浆成果的对比、分析，无盖重固结灌浆总体灌浆效果良好，压水检查符合设计要求，声波检测达到设计波速。以上对比、分析表明，在象鼻岭水电站玄武岩地层坝基处理中采用无盖重固结灌浆是成功的。

7 结论

无盖重固结灌浆在工期方面，使固结灌浆开工日期大大提前，从根本上缩短了施工工期。在施工中减少了坝基固结灌浆与大坝混凝土浇筑之间的相互干扰，确保了大坝浇筑的工期。

无盖重固结灌浆在技术方面，通过生产性试验，对施工工艺和各项参数进行了合理优化。实践表明技术可行，效果良好，质量符合设计要求，且避免了钻孔对坝体混凝土整体性的破坏，保证铺设的冷却管路，埋设的观测仪器和其他埋件的完好。

无盖重固结灌浆施工在经济方面，节约了固结灌浆钻孔、埋管的费用；工期缩短，减少了人员、设备的投入，提高了经济效益。

随着碾压施工技术的深入发展，高效、节约将会是大坝浇筑发展的趋势。如何能更好、更有效地解决大坝浇筑工期，避免大坝浇筑和坝基基础处理的交叉作业，是施工进度的重要保证。无盖重固结灌浆为坝基固结灌浆的设计、施工提供了更加灵活、多样的解决办法。

浅析分布式发电及其电网特性

郭　丹/中国水利水电第十二工程局有限公司

【摘　要】 随着我国经济建设的快速发展，电能的需求量与日俱增，传统的电网也在一定程度上表现出了局限性。随着化石能源的日益衰竭，环境压力也越来越大。分布式发电作为一种新的资源利用方式，应用范围越来越广，也越来越受到社会与行业的重视。本文简单介绍了分布式发电的定义、优势、所造成的影响及解决方案等内容，对分布式发电技术及其电网特性进行了分析及探讨，为其在电力系统中的广泛应用提供了参考。

【关键词】 分布式发电　分布式电网　微型电网

1 引言

随着我国经济建设的快速发展，电能的需求量与日俱增，传统的电网也在一定程度上表现出了局限性。供电网络的可靠与否、化石能源日益衰竭、环境压力的加大等已成为电力工业所面临的严峻挑战。人们也已经认识到大力发展可再生清洁能源的重要性，尽可能多地接纳可再生能源并网运行是智能电网建设的重要内容之一。

近几年来，我国可再生清洁能源发电的应用发展迅速，大量可再生能源发电系统建成并投入运营，特别是光能和风能的应用。微网理论的提出为可再生能源的分布式利用提供了便利的条件。微网融合分布式可再生能源、负荷、储能以及监控设备等，构成完整的微型电网，不但具备独立运行的能力，也能够与电网并联运行。这样不仅提高了可再生能源的利用效率，同时增强了供电的可靠性。

由于中国水利水电第十二工程局有限公司所处的华东地区水电开发较早，新建常规水电站越来越少，公司传统的水电施工业务受到了制约，目前公司也逐步向非水电新能源建设领域拓展，比如近几年公司承建的华润新能源河南郏山 30MW 风电项目、浙能宁夏中卫香山 120MW 风力发电工程、凤台县经济开发区顾桥工业聚集区 21MW 等分布式屋顶光伏发电项目、凤台县凤凰镇桂集镇等 12 个乡镇 40MW 屋顶分布式光伏发电项目等，这些都是分布式发电技术的案例。

2 分布式电网的定义

分布式电网是一种相对集中供能的分散式供能方式。分布式发电（Distributed Generation，DG），区别于传统发电形式，发电功率一般不大，是小型模块化、分散式布置在用户附近的高效可靠的发电单元。分布式发电主要分为：以液体或气体为燃料的内燃机、微型燃气轮机、太阳能发电（光伏电池、光热发电）、风力发电、生物质能发电等。分布式发电的优势在于可以充分开发利用各种可用的分散存在的能源，包括本地可方便获取的化石类燃料和可再生能源，并提高能源的利用效率。

3 分布式电网的优势

分布式电源通常接入中压或低压配电系统，并会对配电系统产生广泛而深远的影响。传统的配电系统被设计成仅具有分配电能到末端用户的功能，而未来配电系统有望演变成一种功率交换媒体，即它能收集电力并把它们传送到任何地方，同时分配它们。因此，将来其可能不仅是一个"配电系统"而是一个"电力交换系统"。分布式发电的特点有如下几方面：

（1）经济性。由于分布式发电的位置靠近负荷中心或接近用户，与建设传统的发输配电设施相比，不但可降低输电网损耗，而且分布式发电占地面积和空间非常少，可大大降低投资费用。分布式发电技术案例举例如下：

1）浙能宁夏中卫香山 120MW 风力发电工程，其投资规模见表 1。

表 1　浙能宁夏中卫香山 120MW 风力发电工程投资规模

总投资/亿元	规模/MW	每千瓦投资/元
8.5	2.5×48	7083.333

2）凤台县经济开发区顾桥工业聚集区 21MW 等分布式屋顶光伏发电项目、凤台县凤凰镇桂集镇等 12 个乡镇 40MW 屋顶分布式光伏发电项目：约 4 元/W。

（2）环保性。分布式发电可广泛利用清洁能源，不但可减少污染物排放，还可有效降低建设高压输电线路造成的电磁污染和线路沿途对植被的破坏。

（3）可靠性。分布式电源并网后，合理的运行方式将提高配电网供电的可靠性。当大电网出现大面积停电事故时，具有特殊设计的分布式发电系统（如与重合闸相结合的计划孤岛模式）仍能保持正常运行，较好地改善供电可靠性。

（4）灵活性。分布式发电系统多采用性能先进的中、小型模块化设备，开、停机快捷、迅速，维修管理方便，操作控制简单，负荷调节灵活，且各电源相互独立，可满足各种不同的定制需求（如削峰填谷、为边远用户或重要用户供电等）。

4　分布式电网的构成

分布式电网主要由开关、微型电源、储能装置和其他电力电子装置等构成。

（1）开关。微电网中的开关主要有静态开关和断路器两大类。静态开关用来在系统发生故障或者扰动时，切断微电网和大电网的联系，故障切除以后，再自动地与大电网连接。断路器则主要是在微电网发生故障时动作切除故障。

（2）微型电源。微型电源是指微电网中的各分布式电源，包括微型燃气轮机、燃料电池、风力发电机和光伏电池等，它们是微电网的基础。传统电力系统的电源都是同步发电机，而微型电源因燃料来源不同而各具特点。

（3）储能装置。考虑到可再生能源的间歇性和波动性，储能装置成为微电网内必不可少的选择。作为微电网中一个十分重要的环节，储能技术起着提高微电网电能质量、增强系统稳定性、承担电力调峰等非常重要的

作用。

（4）其他电力电子装置是指分布式电网中需要的其他电力电子装置，如能量转换装置、监控、保护装置等。

5　分布式发电造成的影响、主要问题及解决方案

5.1　分布式发电对配电网继电保护的影响

传统的配电网一般都是单一电源的辐射型网络，继电保护也是按照辐射型网络进行设计和整定的，分布式电网接入后，单辐射网络变成双端或多端网络，配电网中的潮流分布及故障时短路电流的大小和流向会发生根本变化，分布式发电将对配电网原有的继电保护产生较大的影响：

（1）分布式电网运行时可能会引起继电保护的失效。分布式电网产生的故障电流可能会减小流过馈线继电器的电流，从而使继电保护失效。

（2）分布式电网接入配电网后可能会使继电保护误动作。相邻馈线的故障有可能会使原本没有故障的馈线跳闸。

（3）会影响配电网故障水平的变化。故障水平提高还是降低取决于运行的分布式电源数量和种类，大容量的分布式电源将导致故障电流产生大幅度的变化。

5.2　分布式电网发展面临的主要问题

（1）分布式电网的接入造成有功、无功调节难。分布式电源系统发生故障时，电网残压引起的电压检测不确定性，影响设备主动投入，形成非同期并网时，产生的冲击电流容易危害机组安全。

（2）间歇性发电预测难。预测超短期内的风力发电、光伏发电的发电量比较困难。

（3）微电网负荷控制难。当微电网处于孤网运行或配电网对整个微电网有负荷及出力要求，而分布式电源出力一定时，需要根据负荷的重要程度分批分次切除、调节各种类型的负荷，保证敏感负荷的供电可靠性及微电网的安全运行。

（4）微电网发电控制难。当微电网处于孤网运行或配电网对整个微电网有负荷或出力要求，为保证微电网安全经济运行，由于分布式电源很难通过调节出力来跟踪负荷变化，需要合理利用储能电池的充放电，来调节负荷变化。

（5）调度控制潮流难。微电网多级优化调度多种运行方式（并网用电、并网供电、孤岛运行等）、多层面协调（分布式电源层面、微电网层面、调度层面），协调负荷控制和发电控制，保证整个微电网系统处于安全、经济的运行状态，同时为配电网的优化调度提供供

电末端支撑。

5.3　解决方案

（1）恒功率控制。恒功率控制的目的，是使输出有功、无功与参考值相等。微电网输送到电网的有功功率的符号与大小，主要取决于电网电压与逆变器输出电压的相位差；微电网输送到电网的无功功率的符号与大小，主要取决于输出电压与电网电压的幅值差。对于感性负载的电网，可以通过控制逆变器输出电压的相位和幅值，调节微电网输出的有功和无功功率，从而实现恒功率控制。通过测量得到电网侧有功、无功功率，与给定值比较后作为 PI 调节器的输入、PI 调节器的输出分别控制逆变器输出电压的相角和幅值，从而实现恒功率控制。

（2）下垂控制。微电网输出的有功功率和电压频率呈线性关系；而输出的无功功率和电压幅值呈线性关系。下垂控制正是基于这一特点进行控制的，其主要优势在于可以分别控制每个分布式电源，而不需要进行电源间的通信协调，具有本地自主控制的特点。

（3）恒压恒频控制。恒压恒频控制的目标是保证逆变器输出的电压幅值和频率不变，而不考虑有功功率和无功功率的变化。特别是当微电网运行在独立状态时，必须通过自身控制实现恒压恒频，以满足本地负载的需求。通过测量得到电网侧电压频率与幅值，与给定值比较后作为 H 调节器的输入，H 调节器的输出控制逆变器，从而实现恒功率控制。

6　结语

经济和社会的快速发展导致我国的能源消耗增长十分迅速，而大机组、大容量的集中规模化发电存在诸如无法灵活跟踪负载变化、不能对偏僻地区进行理想供电等缺点，作为目前电能生产的主要方式与电力用户对电能质量高要求之间的矛盾日益凸显。随着智能电网研究热潮的到来，作为其重要组成部分的分布式发电，开始得到越来越多的关注，也在不断地发展。

参考文献

［1］　钱俊，刘敏．分布式发电技术研究综述［J］．现代电子技术，2013，36（13）．

［2］　杨靖．分布式发电对配电网继电保护的影响［J］．民营科技，2012（6）．

盾构管片流水线设计研究与应用

温付友/中国水利水电第七工程局有限公司

【摘　要】 近年来，盾构管片被大量应用于城市轨道交通工程、供排水工程以及其他隧道工程。布局合理的管片流水线，可提高管片生产控制系统的自动化程度，提高管片生产速度，降低生产成本，起到节能减排的作用。本文对两种不同流水线的设计进行研究与应用分析，可为类似管片生产基地流水线设计提供参考。

【关键词】 盾构管片　流水线　设计

管片作为盾构隧道内侧的安全屏障，其生产效率与盾构施工进度息息相关，生产质量与运行安全密不可分。近年来，国家大力推进城市轨道交通、供排水等基础设施工程建设，作为盾构施工不可或缺的管片生产尤为重要。目前，全国已有上百家管片生产厂，管片生产线的优劣对生产企业的质量安全、进度、成本、职业健康等方面有较大影响，所以对管片生产线的设计研究与应用刻不容缓。

1　依托工程概况

成都地铁 18 号线为新机场线，线路全长约66.38km。一期工程为火车南站—天府新站，线路长约41.4km（含龙泉山隧道9.72km），设 7 座车站，均为地下站；二期工程为天府新站—天府国际机场北站，线路长约24.98km，其中高架线长11.53km，设置 3 座车站；全线采用140km时速CRH列车。

根据设计要求管片混凝土强度为C50，抗渗等级为P12；成环后管片由 4 块标准块、2 块邻接块、1 块封顶块组成；成环后外径为8300mm，内径为7500mm，厚400mm，一、二期工程需要1500mm、1800mm两种幅宽管片约32200环。

一、二期工程在 18 个月的管片生产周期内需要1.8m幅宽管片24000环，根据项目总体工筹，经计算需新建两条流水线，单条流水线月高峰生产能力须达800环才能满足盾构施工高峰需要。

2　管片流水线设计

管片流水线主要有两种：一种为通窑流水线；另一种为固定窑流水线。通窑流水线采用闭路循环模式，任一环节出现故障均能导致全线停产；固定窑流水线采用开路生产模式，局部故障仍能进行生产。

2.1　通窑流水线

目前全国典型的通窑流水线主要有"1＋3""1＋4""2＋3""2＋4"等几种形式（前、后数字分别表示生产线、蒸养线），各生产企业根据不同需求投入 10～14 套模具。下面就典型的"1＋3""2＋3"两种通窑流水线布置形式进行分析。

2.1.1　"1＋3"流水线

本组合方式由 1 条生产线、3 条蒸养线组成，一般投入 10 套模具（70 个工位）。生产线上设置 15 个工位，分别为脱模 1 个工位，清模 1 个工位，涂脱模剂 1 个工位，钢筋笼入模、装预埋件 1 个工位，质量检查 1 个工位，浇筑 1 个工位，收水抹面 5 个工位，静停养护 4 个工位。每条蒸养线在进入蒸养窑前静停工位 3 个，蒸养窑内 18 个蒸养工位（升温 3 个，恒温 9 个，降温 3 个）。即 $15×1＋18×3＝69$ 片（出模小车放 1 片）。

当投入 10 套模具时，一条流水线投入一个生产班组，每片管片浇筑时间 6min，每天有效工作时间 20h。

$6×7×10＝420$min$＝7$h，$20/7＝2.86$ 次，按 2.8 次计。

月高峰生产能力：$2.8 \times 10 \times 27 = 756$ 环，按 750 环计。

2.1.2 "2+3" 流水线

流水线工位计算同前，蒸养线增加 18 个工位，即 $15 \times 2 + 18 \times 3 = 84$ 片（12 套模具）。增加一条生产线时，由于两条线可同时生产，在相同时间内单片管片的平均浇筑时间由原来的 6min/片提高到 5min/片。

$5 \times 7 \times 12 = 420min = 7h$，$20/7 = 2.86$ 次，按 2.8

次计。

月高峰生产能力：$2.8 \times 12 \times 27 = 907$ 环，按 900 环计。

2.1.3 典型的流水线平面布置

"1+3" 和 "2+3" 流水线的区别为 "2+3" 增加了一条生产线，有效时间内生产能力更强，受蒸养时间的影响，生产能力不能成倍增长。典型的 "2+3" 通窑流水线平面布置见图1。

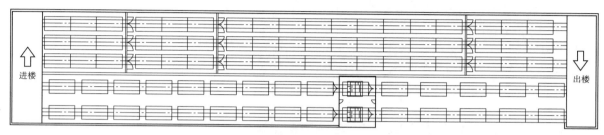

图1　典型的 "2+3" 通窑流水线平面布置图

2.1.4 两种典型通窑流水线生产能力分析

管片的生产能力主要与混凝土搅拌运输能力、振捣时间、静停养护时间、蒸养时间、外界环境温度等密切相关。

（1）混凝土搅拌运输能力。在进行搅拌设备配置前，首先计算单片管片最大混凝土用量，根据单片用量配备相应的混凝土搅拌站，采取一罐混凝土能满足单片混凝土浇筑，减少待料时间；同理，混凝土运输料斗与每片管片最大混凝土用量相匹配，即每次运输能满足单片浇筑。

（2）振捣时间。单片管片的纯振捣时间控制在 3~4min，加上进出模及其他辅助时间约 6min，若采用双线生产，两条线的振捣时间部分重叠，单片的生产时间降低至 5min。

（3）静停养护时间。静停养护时间根据环境温度的高低而定，一般为 1.5~2.0h，混凝土必须初凝后才能入窑进行蒸养。在冬季施工中可在静停区增设导热油管路或其他升温措施来提高静停区温度，减少静停养护时间。

（4）蒸养时间。蒸养时间根据环境温度的变化做动态调整，通常控制在 4~5h。

综上所述，除环境温度影响蒸养时间无法改变外，其余几项主控时间均可通过技术措施予以解决。通过比较，在模具投入数量、建设成本基本相同的条件下，"2+3" 较 "1+3" 的生产能力提高约 20%。

2.1.5 通窑流水线可视化智能控制系统设计

（1）智能监控系统设计。智能监控系统功能集成强大，应用性强。监控系统采用西门子 WINCC 7.0 SP3 组态软件作为操作软件，通过工业以太网与现场 PLC 进行数据通信，以实现人机交互。智能监控系统设置有系统登录、过程监控、数据采样、报表输出等组态界面，能够实现对盾构管片生产线全过程运行状态监控、生产数据采集、温湿度监控等功能，并根据生产需求，可设置生产模式、蒸养时间、温度、振动时间等参数，同时视频监控功能更有利于生产人员安全操作。

（2）中央控制系统设计。中央控制系统应用西门子 Simatic S7-1500 高级 PLC 控制器，通过西门子 TIA STEP7 Professional V15 编程软件，采用梯形图语言编程，主要包括作业线控制、养护参数设置、振捣控制等子程序块，系统采用 TIA PLCSIM V15 仿真软件开展联机调试。

由中国水利水电第七工程局有限公司自行设计的盾构管片可视化智能控制系统，基于 PLC 等智能化控制技术，采用集中式 I/O 架构，优化了生产流程、振捣与养护参数，故障处理和设备维护高效，同时系统具备全过程模拟监控和参数设置功能，实现了过程参数的可视化，提高了生产效率。

2.1.6 通窑流水线管片外观质量控制

通窑流水线模具流转方式主要有顶推式和牵引式。顶推式生产线通过液压油缸将模具整体向前推进，模具间碰撞容易导致管片初凝前外表面凹凸不平，影响外观质量。牵引式生产线同样通过液压油缸将模具牵引推进，每片模具间隙根据场地条件通常设置 1.2~2.5m 间隙，有效解决管片初凝前外弧面塌陷引起的外观质量问题。

2.1.7 低温季节静停养护区蒸养

低温季节受出机口混凝土温度较低、模具脱模后热损快、环境温度低等诸多因素影响，管片在浇筑后至进窑前初凝时间长，较大程度制约了管片的生产效率。为提高生产效率，除采取制热混凝土，减少热损外，关键提高静停养护区的环境温度。为此，在管片浇筑至窑内蒸养前，将静停养护区进行封闭，并在静停养护区设置翅片管，通导热油加热使静停养护区的环境温度升高到

35℃左右，减少混凝土初凝时间，加速模具周转速度，提高生产能力。

2.2 固定窑流水线

固定窑流水线与通窑流水线的区别主要在蒸养窑设计，固定窑似"包间"，每环管片设置为独立窑；通窑似"大堂"，全部管片在同一区域一个窑。固定窑流水线主要采用"1＋n""2＋n"两种形式（前、后数字表示生产线、蒸养窑），各生产企业根据不同需求投入6～14套模具，模具投入更灵活。

2.2.1 流水线设计

成都地铁18号线一、二期工程在18个月的管片生产期间需要1.5m幅宽管片8500环，在进行1.5m幅宽管片单条流水线设计时考虑"1＋12"方式（1条流水线，12个独立窑）。

生产线各工位的设置同通窑流水线基本一致，不再详述。

2.2.2 固定窑流水线平面布置

固定窑流水线主要有"1＋12""2＋24"等典型布置形式，模具投入的多少与生产需求、环境温度息息相关。目前改进后的固定窑流水线在生产线上完成收水抹面后进入独立窑，并在窑两侧设置了窑门，解决了以往在窑内收面环境差、管片不能先进先出的缺点。改进后典型的固定窑流水线平面布置见图2。

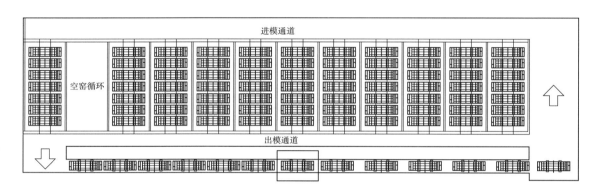

图2 改进后典型的固定窑流水线平面布置示意图

2.2.3 改进后固定窑流水线的特点

（1）生产线上采用辊道实现模具流转，进出窑利用子母车进行纵、横向流转。

（2）每个窑放一环管片单独蒸养，窑内温度升、降温差大，能耗比通窑高。

（3）由于管片收水抹面后静停在窑内完成，可使窑内初始温度长年保持在35℃左右，对寒冷地区施工有利。

（4）每环管片进出窑模具流转以及蒸养相对独立，不受模具数量多少制约，施工组织灵活。

（5）管片生产完成进窑后至出模前不再移动，管片外观质量容易保证。

3 流水线应用

中国水利水电第七工程局有限公司自行设计施工的两条通窑流水线位于成都市天府南区产业园，流水线自动化程度高、运行状况良好，现主要生产成都地铁18号线幅宽1800mm，外径8300mm，内径7500mm，厚400mm带定位榫管片，单线可投入12～14套模具，日高峰生产能力为34～38环，已推广应用于福州地铁、成都地铁金堂新厂建设；一条固定窑流水线位于成都市温江区和盛镇，现主要生产成都地铁18号线幅宽

1500mm带定位榫管片，单线投入10套模具，日高峰生产能力为28环。

4 结语

通窑流水线和固定窑流水线在技术上均可行，各自存在优点及不足。

通窑流水线的优点是工人作业环境好，由中国水利水电第七工程局有限公司自行设计的控制系统自动化程度高，能耗低，运行安全可靠。不足之处是模具需一次性全部投入才能高效运转，增减模具需调整模具组合及程序，生产组织较难。

固定窑流水线的优点是模具可投入1～14套，生产组织灵活；窑内温度可长年保持在35℃左右，对北方低温地区及南方冬季施工有利；管片收水抹面后至出窑前不再移动，管片外观质量较好。不足之处为管片二次收面主要在窑内完成，夏季施工时工人作业环境较差；每次进出模均将窑内温度降至35℃左右，频繁的升降温导致能耗较高，不利于节能减排。

综上所述，由中国水利水电第七工程局有限公司自行设计的通窑管片流水线自动化程度高，生产速度快，质量管理可追根溯源，并起到了降低生产成本，减少能耗的作用，将为类似工程的管片流水线设计优化提供参

考和借鉴。

参考文献

［1］ 王波．成都地铁盾构管片预制生产线设计及质量保证措施［J］．研究与设计，2016（增刊）：34－36.

［2］ 施华．管片自动化流水线工艺要点及优势分析［J］．价值工程，2014（7）：128－130.

［3］ 郭振国．盾构管片自动化流水线施工技术［J］．城市道桥与防洪，2010，5.

市政管道 CCTV 检测技术应用

陈希刚/中国电建市政建设集团有限公司

【摘　要】 本文主要介绍了 CCTV 管道检测技术在市政管道工程的应用。对解决施工质量难以把控的难题，避免盲目开挖检修对城市交通造成的影响，降低施工成本，延长运营年限，具有显著成效。

【关键词】 适用范围　质量控制　效益分析

1　工程概况

晋中市综合通道北起蕴华西街，南至榆祁高速，道路全长 18.2km。一期工程实施范围为蕴华西街至二广高速，道路长度为 11.95km；二期工程实施范围为二广高速至榆祁高速，道路长度为 6.25km。根据晋中市城市总体规划，综合通道道路规划为城市快速路，主要施工内容包括道路工程、桥涵工程、排水工程、照明工程、管线综合工程等。

晋中市综合通道建设工程是 PPP 项目，运营时间长，项目盈利的关键就是施工质量，对排水工程的检修具有施工时间长，造假成本高，涉及工程范围广的特点，使用传统的闭水试验只能检测管道的密闭性，对于内部抹带施工质量的好坏无从得知，难以把控施工质量，运营期内排查问题管件成为管道检修的重要组成部分。

2　CCTV 管道检测技术特点

CCTV 管道检测技术具有以下特点：

（1）安全性高。过去的检修方式以人工下井为主，但是人工进入管道风险性较大，机器人进入管道可以有效避免环境对工人造成的伤害。

（2）节省人工。管道机器人小巧轻便，几人可完成作业，节省人工，节省空间。

（3）操作简单。机器人的前行方向和镜头的观察方向均由控制器控制，一人即可操作。

（4）多视频画面。同一显示界面上同时显示前后视，管道内部情况一览无余。

（5）提高效率和品质。管道病害定位准确，可实时显示出检查日期、爬行器倾角（管道坡度）、气压、爬行距离（放线米数）、方位角度等信息，并可通过功能

键设置这些信息的显示状态。

（6）防护等级高。管道机器人可以进入 5m 水深处进行检测，气密性好，防水防锈防腐蚀。

3　适用范围

CCTV 管道检测技术贯穿于管道施工、验收、运营等各个阶段，可用于污水管道、雨水管道、检查井等的检测。目前主要用于以下方面：

（1）污水泄漏检测。

（2）新建排水系统的竣工验收。

（3）排水系统改造或疏通的竣工验收。

（4）污水合流情况检测。

（5）管道淤泥、排水不畅等原因调查。

（6）管道的腐蚀、破损、接口错位、淤泥、结垢等运行状况检测。

（7）查找因排水系统或基础建设施工而找不到的检查井或去向不明的管段。

4　工艺原理

CCTV 管道检测技术采用闭路电视系统进行检测，是一套集机械化与智能化为一体的检查管道内部情况的设备，适用于管道施工、管道详查、管道验收等阶段，由爬行器、摄像系统、电缆盘和控制系统四部分组成。爬行器可以搭载不同规格的镜头并与电缆盘连接，通过控制系统可以实现行走、观察等各种操作（见图1）。摄像系统连续、实时记录管道内部的实际情况；技术人员根据摄像系统拍摄的录像资料，对管道内部存在的问题进行实地位置确定、缺陷性质的判断，从而有效地查明管道内部情况，后期通过视频分析软件生成报告，具有实时、直观、准确和一定的前瞻性，环保效果良好，为排水管道维护、验收、排除雨、污水滞流以及防治管道

泄漏污染，提供可靠的技术依据。

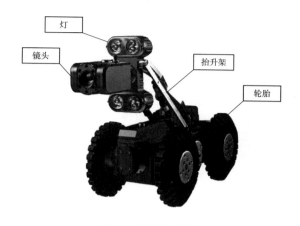

图 1   CCTV 爬行器

5   检测流程及要点

5.1   检测流程

检测流程见图 2。

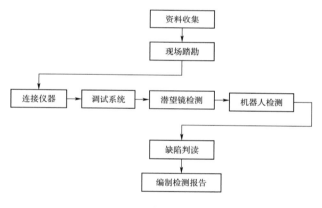

图 2   检测流程图

5.2   检测要点

5.2.1   资料收集

检测前应收集的资料包括以下内容：

（1）已有的排水管线图等技术资料。

（2）管道检测的历史资料。

（3）待检测管道区域内相关的管线资料。

（4）待检测管道区域内的工程地质、水文地质资料。

（5）检测所需的其他相关资料。

5.2.2   现场踏勘

（1）勘查待检测管道区域内的地物、地貌、交通状况等周边环境条件。

（2）检查管道口的水位、淤积、和检查井内构造等情况。

（3）核对检查井位置、管道埋深、管径、管材等资料。

5.2.3   管道检测

检测工作程序包括：连接仪器，检测及其各种性能，潜望镜预检测，CCTV 检测，采集图像资料、数据，最后生成检测报告。CCTV 管道检测操作过程如下：

（1）连接仪器：

1）潜望镜。将电池安装到位，检测密闭性，气压不足时应预先充气，气压值控制在 0.7 左右；将伸缩杆调到适当的位置，准备下井。

2）管道机器人。将控制系统、电缆盘、机器人、电源等连为一体，并安装镜头。确保各部分连接的可靠性。

（2）调试系统：

1）潜望镜。通过控制系统检测镜头、灯光等的各种性能，确保潜望镜能够正常工作。

2）管道机器人。通过控制系统检测机器人爬行能力、抬升架、镜头的工作性能。

（3）潜望镜检测。将潜望镜缓缓放入井内，仔细观察管道内部，若有障碍物及时清理。

（4）机器人下井。机器人下井时镜头朝下，一人操纵绳索，另一人操纵电缆，将机器人缓缓的放入井内，最后将滑轮放入适当的位置，避免电缆直接接触井壁。

（5）输入管道的相关数据。输入管径、桩号、检查井编号、初始距离等相关信息，为后期生成报告作必要准备。

（6）检测管道。机器人开始前进，实时监控，通过镜头对管道内部情况进行观察，遇到管道缺陷、障碍物等及时拍照，并判读缺陷类型，进行记录。缺陷判读时应注意以下几点：

1）缺陷的类型、等级应在现场初步判读并记录。现场检测完毕后，应由复核人员对检测资料进行复核。

2）缺陷尺寸的判定可参照管径或相关物体的尺寸。

3）无法确定的缺陷类型或等级时应在评估报告中加以说明。

4）缺陷图片宜采用现场抓取最佳角度和最清晰图片的方式，特殊情况下也可采用观看录像截图的方式。

5）对管道正面摄影和侧面摄影，每一处结构性缺陷抓拍的图片数量不应少于 1 张。

6）生成报告。将影像数据导入到 PipeVide 软件中，生成管道检测报告。

7）评估管道质量。通过检测报告，评估管道质量，确定修复方案。

（7）图 3 为晋中市综合通道建设工程 PPP 项目检测管道的图像。

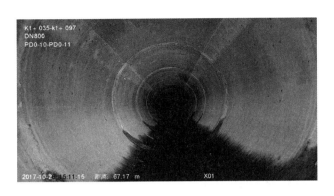

图 3　管道内部图

5.2.4　编制检测报告

　　CCTV 管道检测技术的一项关键内容就是对影像资料进行分析，评估被检测管道的现状。具体内容包括确定管道内部的缺陷种类、位置、等级等。国内将管道缺陷分为结构性缺陷和功能性缺陷两类，并将缺陷按等级进行划分，其中结构性缺陷主要与管道的物理状况、构造和损坏的严重性有关；功能性缺陷与排水系统的现状是否能满足服务性要求和排水标准有关。具体的缺陷参数及缺陷等级见表 1～表 3，在管道检测过程中，遇到管道缺陷应根据下表判定缺陷类型。管道检测完成后，根据影像完善判定结果。最后由软件生成管道检测报告。

表 1　缺陷等级分类

等级	1	2	3	4
结构性缺陷程度	轻微缺陷	中等缺陷	严重缺陷	重大缺陷
功能性缺陷程度	轻微缺陷	中等缺陷	严重缺陷	

表 2　结构性缺陷的代码、类型和等级

缺陷名称	代码	缺陷定义	等级
破裂	PL	管道的外部压力超过自身的承受力致使管材发生破裂。其形式有纵向、环向和复合三种	4
变形	BX	管道的原样被改变（只适用于柔性管）。变性比率＝最大变形内径/原内径	3
错位	CW	两根管道的套口接头偏离，未处于管道的正确位置	4
脱节	TJ	由于沉降两根管道的套口接头未充分推进或接口脱离	4
渗漏	SL	来源于地下或邻近漏水管的水从管壁、接口及检查井壁流出	4

缺陷名称	代码	缺陷定义	等级
腐蚀	FS	管道内壁受到有害物质的腐蚀或管道内壁受到磨损。管道标准水位上部的腐蚀来源于排水管道中的硫化氢所造成的腐蚀。管道底部的腐蚀是由于水的影响	3
胶圈脱落	JQ	接口材料，如橡胶圈、沥青、水泥等类似的材料进入管道。悬挂在管道底部的橡胶圈会造成运行方面的重大问题	3
支管暗接	AJ	支管未通过检查井直接侧向接入主管。该方式须得到政府有关部门的批准，未批准定位 4 级	4
异物侵入	QR	非自身管道附属设施的物体穿透管壁进入管内	3

表 3　功能性缺陷的代码、类型和等级

缺陷名称	代码	缺陷定义	等级
沉积	CJ	管道内的油脂、有机物或泥沙质沉淀物减少了横截面面积。有软质和硬质两种	3
结垢	JG	由于含铁或石灰质的水长时间沉积于管道表面，形成硬质或软质结垢	3
障碍物	ZW	管道内的杂物，如石头、树枝、遗弃工具、破损管道碎片等	3
树根	SG	单根树根或是树根群自然生长进入管道	3
洼水	WS	管道沉降形成水洼，水处于停滞状态，按实际水深占管道内径的百分比记入检测记录表	百分比
坝头	BT	残留在管道内部的封堵材料	3
浮渣	FZ	管道内水面上的漂浮物	3

6　效益分析

6.1　经济效益分析

　　管道检测不仅对保证管道安全十分重要，从长远看来，经济效益也是可观的。根据管道维护策略的不同，可以将管道维护分为主动维护和被动维护两种。主动维护是指定期对管道内部情况进行排查，在全面掌握管状况的基础上，全面考虑各方面因素，对管道检测结果进行综合判断，确定管道维修计划和方案。对管道进行主动维护的费用主要包括管道检测费用、管道评估费用、管道维修费用。

被动维护是指当管道因腐蚀等原因发生泄漏事故后，不得不进行抢修。被动维护主要费用包括：管道泄漏导致输送介质损失、管道事故造成环境污染、管道事故发生后抢修费用，其中环境污染造成的危害最为严重，其经济价值难以估量。

表 4 为主动、被动管道维护成本比较。

表 4　　主动、被动管道维护成本比较

采取的措施	投资成本/(万元/km)
被动维修	300.00
主动维修	7.56

6.2　社会效益分析

市内排水管道存在污泥堵塞、破裂变形、私接管道等问题，无法发挥出现有排水管道的全部性能，严重影响居民的正常生活。仅仅依靠人工排查，工作难度大，人身危险高，难以全面有预见性地发现地下隐患的客观原因，给市政养护和防汛安全带来潜在风险。CCTV 管道检测技术的应用不需要工作人员亲自下井，减少了工作人员劳动量，既能有效避免了井下有害气体对下井人员的身体伤害，又大幅提高了区域管道的检测速度；遇

上有毒气体管段也能进行视频和图片拍摄，切实提高监测水平。

7　结语

通过 CCTV 管道检测技术的应用，加快了雨污管道检测速度，提高了雨污管道施工质量，降低了管道维修的成本。采用最新研发的机器人作为载体，极大地减少了对环境的污染，具有很好的环保效益，节约了人员的投入。

市政工程是城市基础建设的主要内容，是保证城市快速发展的前提，也与居民生活息息相关，工程质量的好坏直接关系到人民群众生命财产安全及公共利益。城市排水系统是市政工程的重要组成部分，也是生活中不可缺少的一部分，排水工程质量的好坏，直接影响居民的生活质量。现如今，地下排水管线逐渐密集，排水系统日益完善，但是管道施工质量参差不齐，管道检修的任务量不断加大。一些小口径管件在施工完成后难以检查施工质量，运营期内难以确定问题管件的具体位置，盲目开挖维修造价太高，这些问题成为管道检修的关键。

使用 CCTV 管道机器人不仅可以轻松进入小口径管道而且能够更加直观的显示管道内部情况，这种有目的、有计划的检测方式将成为管道检测的必然趋势。

冬期沥青路面施工技术研究

杨东强　郭金成　冯渊博/中国水利水电第十一工程局有限公司

【摘　要】 本文通过分析影响冬期沥青路面施工过程中的关键因素，提出了"热拌温压"的施工技术措施；结合实际工程实践，通过对掺加温拌剂的沥青混合料性能的研究，提出冬期沥青混合料施工具体施工技术措施，总结冬期沥青路面施工技术原理和方法，进行大规模应用并取得成功。

【关键词】 冬期沥青路面　温拌剂　热拌温压

近年来，国民经济飞速发展，我国交通事业也得到快速的发展，沥青路面成为目前主要的建设道路，其质量问题也得到了人们越来越多的关注。规范规定冬期沥青混合料面层严禁施工，但由于公共安全或其他客观原因，如高速公路和市政道路冬期维修施工迫于交通压力，沥青路面无法等到温暖天气，必须在冬期较低温度环境下施工，以尽快实现道路畅通，因此如何进行冬期沥青路面施工，保证施工质量，将是我们所要研究的课题。

1　项目背景

陇海路快速通道工程位于河南省郑州市市区，是郑州市道路快速系统的重要组成部分，整体呈东西走向，西起西四环，东至京港澳高速，主要建设内容包括地面道路、高架桥等工程。沥青路面铺装设计结构为5cm（AC－16）中粒式改性沥青混合料＋4cm（AC－13C）细粒式改性沥青混合料。

陇海路快速通道工程地处郑州市城区，因各种客观原因造成部分主体路段需要在较低温度环境条件下进行施工，桥面沥青混合料的铺筑时间主要集中在11月下旬至12月底。

通过对郑州市近三年的气温变化情况分析，11月中旬以后郑州市平均气温将低于10℃；根据《城镇道路工程施工与质量验收规范》（CJJ 1—2008）规定，气温低于10℃，不得进行热拌沥青混合料施工，11月中旬以后大部分时间将不能满足热拌沥青混合料施工要求，因此需采取技术措施保证施工质量。

2　技术要点

通过沥青黏度对沥青混合料压实度影响的数据分析，发现随沥青黏度降低，混合料压实越发困难。沥青适宜于沥青混合料拌和的黏度范围为0.15～0.19Pa·s，适宜压实的黏度范围为0.25～0.31Pa·s。因此，对于普通的道路石油沥青就必须加热到150～175℃的高温才具有足够的流动性和可拌性，否则难以与矿料拌和均匀。而对于SBS等聚合物改性沥青，所需要的温度则更高。所以，混合料温度的高低对于混合料压实度影响较大。

冬期沥青混合料路面施工，如何减缓沥青混合料温度散失是施工控制难点，常规做法是增加各种保温措施减少运输过程中的温度损失，但现场摊铺时由于气温较低，风力较大，沥青混合料温度散失还是比较严重，导致混合料可碾压时间较短，压实度不足，施工质量较差。

本项目收集分析国内外其他地区冬期沥青路面施工数据和资料作为参考，通过Pavecool软件模拟郑州市3年来冬期气温变化，结构类型为改性AC－16沥青混合料，经过专家评审确定施工技术措施和施工工艺。工艺中碾压环节采用热拌温压技术，常规改性沥青混合料拌和温度一般为165～175℃，初压温度为155～165℃。采用热拌温压技术沥青混合料拌和温度一般为170～185℃，初压温度为130～150℃，热拌温压技术可以有效增大沥青混合料降温区间，该技术可以缓减混合料的降温速度，增加混合料有效碾压时间，从而保证压实度达到设计与规范要求。该项目进行长度约为200m试验段验证其可行性。通过铺筑试验段，借助室内试验材料检测及试验段成果数据分析，并经过专家论证确定冬期沥青混合料可以施工，但需满足以下条件：

（1）环境温度低于10℃，热拌沥青混合料需掺拌沥延温拌剂，温拌剂用量为沥青含量的4%，并将拌和温度控制在 175～185℃。

温拌剂可以提高沥青 60℃黏度，降低沥青 135℃黏度（降低沥青混合料在 135℃时温度敏感性），增加沥青混合料可碾压温度区间。

（2）风速不大于 3 级（12～19km/h）、气温不低于 0℃（但乳化沥青黏层施工环境温度不得低于 3℃）。

（3）沥青混合料初压温度不得低于 130℃，终压温度不得低于 70℃，初压低于 130℃沥青混合料为废料。

3　工程应用

3.1　应用范围

根据试验论证，经专家评审，认为在沥青混合料中添加温拌剂以改善沥青混合料温度敏感性的技术措施是可行的。因此项目编制了冬期沥青路面施工方案，方案中规定在冬期施工时，应适当提高沥青混合料拌和温度，但不得高于 185℃，在沥青混合料运输过程中采用毡布覆的同时增加棉被裹附以达到保温效果，减少在运输过程中的温度散失。严格按照方案进行施工的前提下进行大规模应用，在陇海路快速通道工程第二项目标段至十三项目标段共 12 个项目标段进行了大面积桥面冬期沥青路面铺筑。共铺筑桥面道路双幅 25km，标准桥面宽度为单幅 12m，双幅 24m，共 120 万 m²，共摊铺沥青混合料 16 万 t。

3.2　施工技术措施

（1）密切关注天气情况，把握好施工时间，大风、雨、雪天气或气温低于 0℃以下，不得进行沥青路面施工。

（2）冬期沥青混合料施工时须在白天进行，摊铺时间宜在 9：00—16：00 进行。

（3）冬期沥青路面施工，热拌沥青混合料掺拌温拌剂，温拌剂使用沥延温拌剂，温拌剂添加量为沥青质量的 4%，拌和温度控制在 175～185℃。

（4）在拌和系统热料提升设备处采用防火棉被包裹进行保温，对传送带处采用防火棉被制作大棚保温。

（5）拌和系统成品料仓提前加热到 150℃以上，待混合料加工好后直接装进成品料仓进行保温，装车时要快卸料、快覆盖。

（6）运输车辆采取防火棉被包裹，从车顶到车厢全部覆盖保温。

（7）冬期下面层沥青混合料施工，在沥青摊铺之后碾压之前，组织人工在沥青面上用厚帆布覆盖，厚帆布覆盖平整后再上双钢轮压路机碾压，钢轮不洒水，减慢温度损失，胶轮碾压前撤去厚帆布，胶轮碾压完成后用厚帆布覆盖沥青面，厚帆布覆盖平整后再上双钢轮压路机碾压收面。

（8）冬期上面层碾压施工采用模糊碾压法，钢轮间断洒水（前进洒水，后退不洒水），在碾压过程中钢轮碾采取棉帆布棚挡风，减少因风散热带走温度，钢轮喷洒热水，减慢沥青混合料的温度损失。胶轮碾喷洒或涂刷含有菜籽油和隔离剂的水溶液，以减少沥青混合料的温度损失。

4　工程应用结论

4.1　应用检测

生产拌和楼为 PMT360 型拌机，每盘沥青混合料拌和量为 3950kg，按生产配合比沥青用量的 4% 添加温拌剂，通过试验段施工取样检测。马歇尔击实试验结果见表 1。

表 1　马歇尔击实试验结果

编号	击实温度/℃	试件厚度/cm	空中重/g	表干重/g	水中重/g	实际密度/(g/cm³)	理论密度/(g/cm³)	空隙率/%
1	160～170（未添加）	6.29	1209.7	1212.4	715.8	2.436	2.529	3.70
2		6.28	1215.6	1218.7	719.6	2.436		3.71
3		6.27	1203.1	1205.9	712.8	2.440		3.54
平均						2.437		3.65

编号	击实温度/℃	试件厚度/cm	空中重/g	表干重/g	水中重/g	实际密度/(g/cm³)	理论密度/(g/cm³)	空隙率/%
1	125～135	6.35	1220.9	1224.8	719.7	2.417	2.529	4.44
2		6.25	1197.2	1202.2	708.2	2.423		4.19
3		6.31	1215.8	1217.5	719.7	2.442		3.44
平均						2.428		4.02

通过表1可见，室内马歇尔试件在同样的冲击荷载下的成型，降低30～40℃成型的马歇尔试件孔隙率与热拌混合料接近（空隙率±0.5％以内）。

施工温度及压实度统计见表2。

表2　施工温度及压实度统计表

项　目	出厂温度/℃	到场温度/℃	环境温度/℃	风力/级	摊铺温度/℃	初压温度/℃	复压温度/℃	终压温度/℃	压实度/％
最大值	190	179	21	5	170	160	146	120	98.7
最小值	158	142	2	0（微风）	126	109	77	61	95.6
平均值	181.2	165.4	11.5	1.33	156.8	134.6	115.1	89.6	96.7
组（次）数	531	569	569	569	569	569	569	569	57
说明	压实度合格共计检测57组，不合格率为0								

通过取样检测各项性能指标，可知添加温拌剂后混合料是否可以满足施工规范要求，各项性能指标检测如下。

沥青混合料马歇尔残留稳定度试验报告见表3。

表3　沥青混合料马歇尔残留稳定度试验报告

组类	实测毛体积密度 Pf/(g/cm³)	稳定度/kN	流值/mm	残留稳定度/％
标准组	2.495	13.18	3.23	95
残留组	2.495	12.52	3.47	

注　马歇尔击实温度为155℃。

沥青混合料冻融劈裂试验报告见表4。

表4　沥青混合料冻融劈裂试验报告

组类	实测毛体积密度 Pf/(g/cm³)	劈裂抗拉强度/MPa	冻融劈裂抗拉强度比 TSR/％
普通组	2.471	1.11	95.8
冻融组	2.471	1.063	

沥青混合料低温弯曲试验报告见表5。

表5　沥青混合料低温弯曲试验报告

试件破坏时的抗弯拉强度 RB/MPa	8.91
试件破坏时的最大弯拉应变 $εB$/με	2578
试件破坏时的弯曲劲度 SB/MPa	3457

注　马歇尔密度为2.531g/cm³，试验温度为−10℃。

沥青混合料动稳定度试验报告见表6。

表6　沥青混合料动稳定度试验报告

试件编号	动稳定度/(次/mm) 单个值	动稳定度/(次/mm) 平均值	变异系数/％
1	4802	4342	10.5
2	3889		
3	4337		

注　试验温度为60℃，试验轮接地压强为0.7MPa。

通过以上检测结果可见，从表2路面压实度检测结果可以看出，整体路面压实度是可控的。从表3～表6各项性能指标检测结果可见，掺加4％温拌剂后对沥青混合料性能指标没有影响，各项检测指标均满足施工规范技术要求。

4.2　应用成果

郑州市陇海路快速通道工程，其中12个标段高架桥沥青路面采用热拌温压技术，即在热拌沥青混合料中添加温拌剂进行施工，并增加各种保温措施以应对冬期气温较低、路面压实困难的问题。通过室内检测指标和现场试验检测结果显示，该项技术措施有效解决了冬期施工沥青混合料应气温较低、风力较大降温过快导致路面难以压实、路面渗水严重的问题，相对常规施工方法，沥青路面铺筑质量得到较大的提高。

4.3　创新点

（1）热拌沥青混合料通过添加温拌剂，使沥青混合料在低温条件下可以进行碾压成型，突破了规范规定[《城镇道路工程施工与质量验收规范》（CJJ 1—2008）第17.3.6款"2 城市快速路、主干路的沥青混合料面层严禁冬期施工"]。

（2）在冬期低温环境不能满足热拌沥青混合料施工时，在热拌沥青中添加沥延温拌剂，采取各种施工保温措施及"热拌温压"施工技术进行冬期沥青混合料施工，添加温拌剂后，沥青混合料降低黏度，降低碾压温度30℃，在冬期低温环境下可以进行沥青混合料施工。

（3）城市大规模冬期高架桥沥青路面施工在国内属于首次，一次性完成长度25km，面积120万㎡，共摊铺沥青混合料16万t。

5　总结

沥青路面在冬期铺筑时，面临可施工时间短、气温条件恶劣、混合料温度散失较快导致的路面难以压实、渗水严重、施工质量控制难度大的问题。考虑如何从混合料本身的特点出发，在低温天气条件下施工，延长沥青混合料可碾压时间，保证路面压实度，结合温拌沥青的性能，尝试通过添加温拌剂来改善沥青混合料的温度敏感性。试验证明，在冬期气温较低、风力较大的天气条件时添加一定比例温拌剂能有效提高沥青路面铺筑质量。温拌剂在改善沥青混合料温度敏感性的同时对混合料其他性能指标无负面影响。通车后，经过行车荷载的反复作用，陇海路沥青路面无质量问题。

参考文献

［1］ 季节，徐世法，罗晓辉．重复再生沥青混合料及温拌沥青混合料性能评价［M］．北京：人民交通出版社，2011．

基于马歇尔试验的热拌沥青混合料配合比设计

祁　涛/中国水利水电第七工程局有限公司

【摘　要】　沥青混合料是一种复合材料，主要由沥青、粗集料、细集料、矿粉组成，有的还加入聚合物和木纤维素。采用该材料铺筑而成的沥青混凝土路面，具有施工周期短、行车舒适、噪声低、振动小、扬尘小易清洗、养护维修简便等特点，被广泛应用于道路面层结构。沥青混合料配合比设计是保证沥青路面使用性能的重要阶段，应通过目标配合比设计、生产配合比设计和生产配合比验证三个阶段，采用马歇尔试验配合比设计方法。结合工程实例阐述了普通热拌沥青混合料原材料要求、配合比设计过程，供类似工程借鉴参考。

【关键词】　热拌沥青混合料　配合比　马歇尔试验

沥青路面，在我国已被广泛应用于城市道路和公路干线。因其通常用于路面面层，直接承受车辆荷载和大气因素的作用，沥青混合料的物理、力学性质受气候因素与时间因素影响较大，为保证路面耐久性要求，对于沥青路面应具备高温稳定性、低温抗裂性、水稳定性、耐疲劳性等特征，因此沥青混合料配合比设计尤为重要。

以用于市政次干道路下面层、中面层的 AC - 20C 热拌沥青混凝土为例，沥青采用 70 号 A 级沥青，介绍沥青混合料原材料要求、配合比设计过程，以确定最佳材料组成。

1　原材料技术要求

1.1　道路石油沥青

沥青路面采用的沥青标号，宜按道路等级、气候条件、交通条件、路面类型及在结构层中的层位及受力特点、施工方法等，结合当地施工经验综合确定。70 号 A 级沥青技术要求应符合表 1 的规定。

1.2　粗集料

沥青层用粗集料包括碎石、破碎砾石、筛选砾石、钢渣、矿渣等。粗集料应洁净、干燥、表面粗糙，粒径规格 S1～S14，其技术要求应符合表 2 的规定。

1.3　细集料

细集料可采用天然砂、机制砂、石屑，应洁净、干燥、无风化、无杂质，细集料的洁净程度，天然砂以小于 0.075mm 含量的百分数表示，石屑和机制砂以砂当量（适用于 0～4.75mm）或亚甲蓝值（适用于 0～2.36mm 或 0～0.15mm）表示，其技术要求应符合表 3 的规定。

表 1　70 号 A 级沥青技术要求

指　　标	单位	沥青指标
针入度（25℃，5s，100g）	0.1mm	40～60
延度 5℃，5cm/min 不小于	cm	20
软化点（R&B）不小于	℃	60
运动黏度 135℃，不大于	Pa·s	3
闪点，不小于	℃	230
溶解度，不小于	%	99
质量变化，不大于	%	±1.0
残留针入度比 25℃，不小于	%	65
残留延度 5℃，不小于	cm	15

表 2　沥青混合料用粗集料技术要求

指　　标	单位	技术要求
石料压碎值，不大于	%	28
洛杉矶磨耗损失，不大于	%	30
表观相对密度，不小于		2.5
吸水率，不大于	%	3.0
坚固性，不大于	%	12

续表

指 标	单位	技术要求
针片状颗粒含量（混合料），不大于	%	18
水洗法小于0.075mm颗粒含量，不大于	%	1
软石含量，不大于	%	5
粗集料与沥青的粘附性，不小于	级	4
1个破碎面颗粒含量，不小于	%	90
2个或2个以上破碎面颗粒含量，不小于	%	80

表3　　　　沥青混合料用细集料技术要求

项 目	单位	技术要求
表观相对密度，不小于		2.50
坚固性（>0.3mm部分），不小于	%	12
含泥量（<0.07mm部分），不大于	%	3
砂当量，不小于	%	60
亚甲蓝值，不大于	g/kg	25
棱角性（流动时间），不小于	s	30

天然砂可采用河砂或海砂，通常宜采用中、粗砂，热拌密级配沥青混合料中天然砂的用量通常不宜超过集料总量的20%。其规格应符合表4的规定。

表4　　　　沥青混合料用天然砂规格

筛孔尺寸 /mm	通过各筛孔的质量百分率/%	
	粗砂	中砂
9.5	100	100
4.75	90～100	90～100
2.36	65～95	75～90
1.18	35～65	50～90
0.6	15～30	30～60
0.3	5～20	8～30
0.15	0～10	0～10
0.075	0～5	0～5

石屑是采石场破碎石料时通过4.75mm或2.36mm的筛下部分，其规格应符合表5的规定。

表5　　　　沥青混合料用机制砂或石屑规格

公称粒径 /mm	水洗法通过各筛孔的质量百分率/%							
	9.5	4.75	2.36	1.18	0.6	0.3	0.15	0.075
0～5	100	90～100	60～90	40～75	20～55	7～40	2～20	0～10
0～3	—	100	80～100	50～80	25～60	8～45	0～25	0～15

1.4　填料

矿粉必须采用石灰岩或岩浆岩中的强基性岩石等憎水性石料经磨细后得到的矿粉，原石料中的泥土杂质应除净。矿粉应干燥、洁净，能自由地从矿粉仓流出，其技术要求应符合表6的规定。

表6　　　　沥青混合料用矿粉技术要求

项 目		单位	技术要求
表观密度，不小于		t/m³	2.50
含水量，不大于		%	1
粒度范围	<0.6mm	%	100
	<0.15mm	%	90～100
	<0.075mm	%	75～100
外观			无团粒结块
亲水系数			<1
塑性指数		%	<4

1.5　抗剥落剂

如沥青与集料的黏附性低于4级，为保证沥青与集料间黏结力，提高抗水损害能力，要求掺加抗剥落剂，抗剥落剂应采用：性能优良、稳定、持久，且施工易于操作，加入后沥青与集料的黏附性不低于要求值。一般抗剥落剂掺量为沥青重量的0.4%。

2　热拌沥青混合料配合比设计流程

热拌沥青混合料的配合比设计应通过目标配合比设计、生产配合比设计及生产配合比验证三个阶段，确定沥青混合料的材料品种及配合比、矿料级配、最佳沥青用量。

采用马歇尔试验配合比设计方法，其试验过程是对试件在规定的温度和湿度等条件下标准压实，测定沥青混合料的稳定度和流值等指标，经一系列计算后，分别绘制出油石比与稳定度、流值、密度、空隙率、饱和度的关系曲线，最后确定出沥青混合料的最佳油石比。

2.1　目标配合比设计

热拌沥青混合料的目标配合比设计宜按图1的步骤进行。

2.2　生产配合比设计

生产配合比设计参照图1规定的步骤进行。

对于间歇式拌和机，取目标配合比设计的最佳沥青用量OAC、OAC±0.3%等3个沥青用量进行马歇尔试验和拌和，通过室内试验及从拌和机取样试验综合确定生产配合比的最佳沥青用量，由此确定的最佳沥青用量与目标配合比设计结果的差值不宜大于±0.2%。

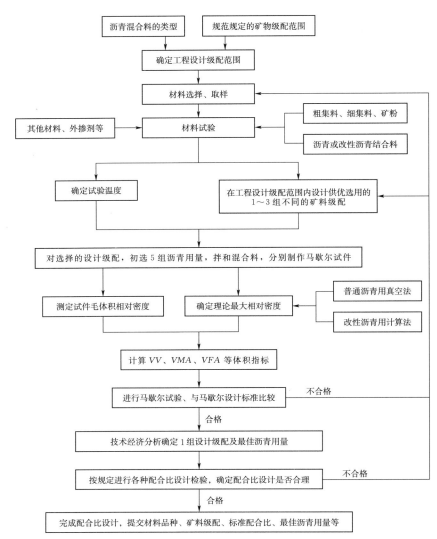

图 1　热拌沥青混合料目标配合比设计流程图

对连续式拌和机可省略生产配合比设计阶段。

2.3　生产配合比验证

拌和机按生产配合比结果进行试拌、铺筑试验段，并取样进行马歇尔试验，同时从路上钻芯取样观察空隙率大小，由此确定生产用的标准配合比。

标准配合比的矿料合成级配中，至少应包括0.075mm、2.36mm、4.75mm及公称最大粒径筛孔的通过率接近优选的工程设计级配范围的中值，并避免在0.3～0.6mm范围内出现驼峰。

经确定的标准配合比在工程施工过程中不得随意变更。

3　工程实例

某工程位于成都天府新区，道路等级为城市次干路，交通等级为重交通，路面下面层及中面层均采用6cm厚AC-20C热拌沥青混合料，沥青采用70号A级石油沥青。以该工程为依托，进行AC-20C沥青混合料目标配合比设计。

3.1　确定工程设计级配范围

沥青路面工程的混合料设计级配范围一般由工程设计文件规定，见表7。

表 7　　　　　　　　　　　沥青混合料矿料级配要求

混合料	通过下列筛孔的质量百分率/%											
	26.50mm	19.00mm	16.00mm	13.20mm	9.50mm	4.75mm	2.36mm	1.18mm	0.60mm	0.30mm	0.15mm	0.075mm
AC-20C	100	90～100	74～90	62～82	50～70	32～45	22～36	16～28	10～22	6～16	4～12	3～7

3.2 材料选择与准备

根据工程周边资源情况，矿料组成选择为：1♯碎石13.2～19.0mm、2♯碎石9.5～13.2mm、3♯碎石4.75～9.5mm、石屑0～4.75mm、矿粉。

配合比设计的各种矿料，必须按现行《公路工程集料试验规程》（JTG E 42—2005）规定的方法，从实际使用材料中取代表性样品，检测结果需满足原材料技术要求。

3.3 矿料配合比设计

3.3.1 矿料级配检验

按《公路工程沥青及沥青混合料试验规程》（JTG E20—2011）T0725的方法进行矿料级配检验。

以筛孔尺寸为横坐标，各个筛孔的通过筛分百分率为纵坐标，绘制矿料组成级配曲线，评定试样的颗粒组成。本工程选用矿料筛分试验结果见表8和图2。

表8 矿料筛分试验结果

矿料组成	通过下列筛孔的质量百分率/%												
	31.500 mm	26.500 mm	19.000 mm	16.000 mm	13.200 mm	9.500 mm	4.750 mm	2.360 mm	1.180 mm	0.600 mm	0.300 mm	0.150 mm	0.075 mm
1♯碎石	100.0	100.0	85.6	62.5	26.7	6.1	1.8	0.4	0	0	0	0	0
2♯碎石	100.0	100.0	100.0	100.0	82.5	63.9	18.4	3.2	0.6	0.4	0	0	0
3♯碎石	100.0	100.0	100.0	100.0	100.0	90.7	34.5	20.4	15.1	5.0	2.8	0.8	0.5
石屑	100.0	100.0	100.0	100.0	100.0	100.0	93.0	76.8	64.8	50.2	29.0	14.6	4.6
矿粉	100.0	100.0	100.0	100.0	100.0	100.0	100.0	100.0	100.0	100.0	100.0	96.0	83.2

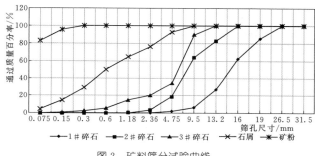

图2 矿料筛分试验曲线

经检测，所选矿料级配符合技术要求。

3.3.2 矿料合成级配

在工程设计级配范围内计算1～3组粗细不同的配合比，绘制设计级配曲线，分别位于工程设计级配范围的上方、中值及下方。

设计合成级配不得有太多的锯齿形交错，且在0.3～0.6mm范围内不出现"驼峰"。

矿料混合料级配组成见表9和图3。

表9 矿料混合料级配组成

混合料		通过下列筛孔的质量百分率/%												
		31.500 mm	26.500 mm	19.000 mm	16.000 mm	13.200 mm	9.500 mm	4.750 mm	2.360 mm	1.180 mm	0.600 mm	0.300 mm	0.150 mm	0.075 mm
级配范围	上限	100.0	100.0	100.0	90.0	82.0	70.0	45.0	36.0	28.0	22.0	16.0	12.0	7.0
	中限	100.0	100.0	95.0	82.0	72.0	60.0	38.5	29.0	22.0	16.0	11.0	8.0	5.0
	下限	100.0	100.0	90.0	74.0	62.0	50.0	32.0	22.0	16.0	10.0	6.0	4.0	3.0
合成级配		100.0	100.0	95.7	88.8	75.2	64.4	42.8	32.7	27.3	20.5	13.1	7.8	4.1

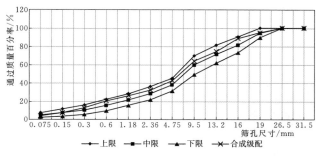

图3 矿料合成级配图

3.3.3 拟定目标设计配合比

根据当地实践经验选择适宜的沥青用量，分别制作几组级配的马歇尔试件，测定VMA（沥青混合料矿料间隙率），初选一组满足或接近设计要求的级配作为设计级配。根据成都区域类似工程实践经验，拟定目标配合比见表10。

3.4 马歇尔试验

3.4.1 确定马歇尔试验技术标准

马歇尔试验技术标准与道路等级、气候分区、交通

表10 | | | | | | | 拟定设计目标配合比 | | | | %
---|---|---|---|---|---|---|---

矿料	类似工程标准油石比	1#碎石 (13.2～19.0mm)	2#碎石 (9.5～13.2mm)	3#碎石 (4.75～9.5mm)	石屑 (0～4.75mm)	矿粉	抗剥落剂
比例	4.5	30	16	18	33	3	0.4

等级有关，具体可参照《公路沥青路面施工技术规范》（JTG F40—2004）的规定执行。

成都地区为夏炎热区、依托道路工程等级为城市次干路，交通等级为重载交通，结合设计及规范要求，普通 AC-20C 沥青混合料试验马歇尔试验技术标准见表11。

3.4.2 沥青混合料试件制作

普通沥青结合料的施工温度宜按通过在135℃及175℃条件下测定的黏度-温度曲线确定。若缺乏粘温曲线，可按表12选取，并与施工实际温度相一致。

3.4.3 马歇尔试验分析

根据拟定的目标配合比，及各种组成矿料的毛体积相对密度 γ_n、表观相对密度 γ'_n，见表13。

按《公路沥青路面施工技术规范》（JTG F40—2004）规定的方法，分别计算矿料的合成毛体积相对密度 γ_{sb}、合成表观相对密度 γ_{sa}，并确定本工程预估的最佳油石比 P_a；以预估的最佳油石比拌和2组混合料，采用真空法实测最大相对密度 γ_t，取平均值，然后按《公路沥青路面施工技术规范》（JTG F40—2004）规定方法计算合成矿料的有效相对密度 γ_{se}；计算结果见表14。

表11	沥青混合料性能要求 （AC-20C）

试验指标	单位	AC-20C
击实次数（双面）	次	75
稳定度 MS，不小于	kN	8
流值 FL	mm	2～4
空隙率（VV）深约90mm以内	%	4～6
空隙率（VV）深约90mm以内	%	3～6
沥青饱和度	%	65～75
矿料间隙率 VMA，不小于	%	11～16
残留稳定度（48h），不小于	%	80
冻融劈裂强度比，不小于	%	75
动稳定度，不小于	次/mm	1200
极限破坏应变，不小于	με	2000

表12	热拌沥青混合料试件制作温度	单位：℃

施工工序	石油沥青标号（70号）
沥青加热温度	155～165
矿料加热温度	集料加热温度比沥青温度高10～30（填料不加热）
沥青混合料拌和温度	145～165
试件击实成型温度	135～155

表13						各组成矿料材料密度与比例

材料名称	1#碎石 (13.2～19.0mm)	2#碎石 (9.5～13.2mm)	3#碎石 (4.75～9.5mm)	石屑 (0～4.75mm)	矿粉	沥青
表观相对密度 γ'_n	2.690	2.704	2.680	2.703	2.684	1.018
毛体积相对密度 γ_n	2.642	2.683	2.655	—	—	—
材料比例	30%	16%	18%	33%	3%	

表14 矿料混合料相关参数

计算参数	γ_{sa}	γ_{sb}	γ_{se}
选定级配数值	2.695	2.666	2.683

以预估的油石比为中值，按一定间隔（对密级配沥青混合料通常为0.5%，对沥青碎石混合料可适当缩小间隔为0.3%～0.4%），取至少5个不同的油石比分别成型马歇尔试件。

测定压实沥青混合料试件的毛体积相对密度 γ_f 和吸水率，取平均值。测试方法通常采用表干法测定，对吸水率大于2%的试件，改用蜡封法测定。

在成型马歇尔试件的同时，采用真空法实测各组沥青混合料的最大理论相对密度 γ_t。同时计算沥青混合料试件的空隙率 VV、矿料间隙率 VMA、有效沥青的饱和度 VFA 等体积指标。

对试件进行马歇尔试验，测定马歇尔稳定度及流值。

马歇尔试验结果见表15。

表15　　　　沥青混合料马歇尔试验结果

油石比	相对密度 理论 γ_t	相对密度 毛体积 γ_f	空隙率 VV /%	稳定度 /kN	流值 /0.1mm	饱和度 VFA /%	矿料 间隙率 /%
3.7	2.535	2.352	7.2	11.62	26.2	51.6	14.9
4.1	2.520	2.378	5.6	12.71	29.0	60.7	14.3
4.5	2.506	2.385	4.8	15.08	31.3	66.4	14.4
4.9	2.492	2.392	4.0	14.03	36.0	72.3	14.5
5.3	2.479	2.401	3.2	13.00	40.7	78.2	14.5

3.5　确定最佳油石比

以油石比或沥青用量为横坐标，以马歇尔试验的各项指标为纵坐标，将试件结果点入图中，绘制圆滑曲线，见图4，确定均符合沥青混合料技术标准的沥青用量范围 $OAC_{min} \sim OAC_{max}$。

选择的沥青用量范围必须涵盖设计空隙率的全部范围，并尽可能涵盖沥青饱和度的要求范围，并使密度及稳定度曲线出现峰值。

在曲线图上求取相应于毛体积密度最大值、稳定度最大值、目标空隙率（或中值）、沥青饱和度范围的中值的沥青用量，取平均值，作为最佳沥青用量 OAC_1。

以各项指标均符合技术标准（不含VMA）的沥青用量范围 $OAC_{min} \sim OAC_{max}$ 的中值作为 OAC_2。

通常情况下取 OAC_1 及 OAC_2 的中值作为计算的最佳沥青用量 OAC。

经计算，油石比各特征值见表16。

表16　　　　油石比特征值

项目	OAC_{min}	OAC_{max}	OAC_1	OAC_2	OAC
数值/%	4.40	4.90	4.40	4.65	4.52

按《公路沥青路面施工技术规范》规定方法计算沥青结合料有效沥青含量 P_{eb}、检验沥青混合料的粉胶比 FB、沥青膜有效厚度 DA（μm）。

经试验计算选定 AC-20C 目标配合比设计验证所采用油石比（%）为4.5，对应参数 $\gamma_t = 2.506$、$\gamma_f = 2.385$，VV（%）= 4.8，VMA（%）= 14.4，VFA（%）= 66.4，P_{eb}（%）= 4.1，$FB = 1.0$，DA（μm）= 8.03。

3.6　配合比设计检验

配合比设计检验按计算确定的设计最佳沥青用量在标准条件下进行，按规定的试验方法进行浸水马歇

尔试验和冻融劈裂试验，试验结果均符合技术标准要求。

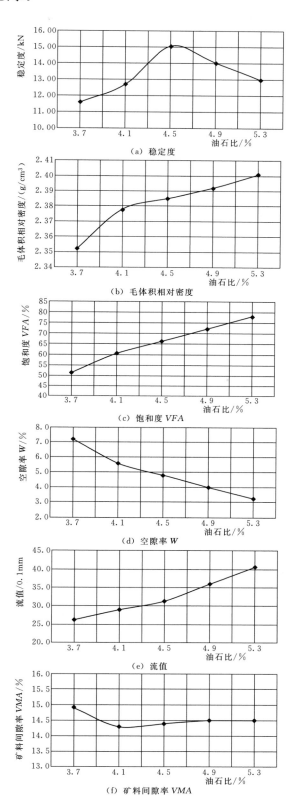

图4　马歇尔试验结果

4 结语

沥青混合料在公路及市政道路工程面层中的应用越来越占主导地位，工程实际应用表明，沥青配合比设计应综合考虑实践经验、道路等级、气候条件、交通状况等因素，严格按照规范程序通过目标配合比设计、生产配合比设计及生产配合比验证三个阶段确定最佳的矿料组成、沥青用量。

大断面浅埋地铁隧道施工方法与应用

张　雯/中国电建集团铁路建设有限公司

【摘　要】深圳地铁7号线工程深云车辆段出入线具有隧道断面大、埋深浅、围岩差等特点，结合现场实际情况，提出了隧道开挖的钻爆法施工方案和支护措施，保证了施工过程中隧道上覆地层的稳定性，通过现场监测分析，施工过程中，隧道围岩稳定、变形量不大，地表沉降值得到有效控制，保证了施工安全。

【关键词】大断面　浅埋　地铁隧道　施工方法

随着城市地下工程建设的发展，涌现出大量新的岩土工程技术问题。按照国际隧道协会（ITA）建议，净空断面面积大于100m²的隧道为特大断面隧道，其施工规模大、技术复杂、工序繁琐，施工质量影响因素较多，极易导致事故。

本文选取深圳地铁7号线深云车辆段出入线为例，在大断面浅埋隧道施工环境下，研究确定科学的开挖方法，合理安排各工序，控制地面沉降，确保周边建筑物不受较大影响，保证居民正常生活。

1　工程概况

1.1　工程特点

深圳地铁7号线工程深云车辆段出入线位于深圳市南山区桃源街道深云村，采用矿山法施工，针对大断面和浅埋这两个特点，本文选取该线右线 SDK1＋725.411～SDK1＋790.000 段为研究对象。此区段为单洞双线隧道，最小埋深为 11.6m，开挖跨度达 11.93m，开挖高度达 8.91m，隧道毛洞开挖达 102.23m²。隧道周边建筑物和地下管线复杂，且紧邻深圳市道桥维修中心沥青厂，其地下管线的类别、年限、材料及施工方法表现出承受隧道施工扰动能力较弱。

1.2　地质条件

此区段属于富水区，上覆地层以软弱松散的残积层和强风化花岗岩为主，分别达到4m左右，而完整性较好、强度较高的微风化花岗岩不到2m。隧道上覆地层如纵断面图图1所示，其中残积层（Q^{el}）为亚层⑦₁砾质黏性土：红褐色、褐黄色、黄色，夹灰白色斑点，可

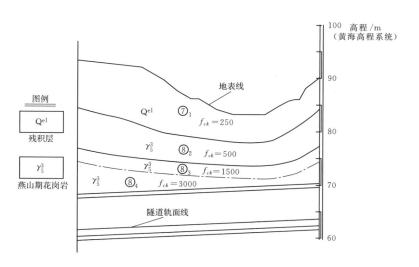

图1　研究区段工程地质纵断面图

塑～坚硬，由花岗岩风化残积形成，呈透镜体状；燕山期花岗岩（γ_5^3）为⑧₂强风化花岗岩、⑧₃中等风化花岗岩和⑧₄微风化花岗岩3个亚层，⑧₂强风化花岗岩，岩体呈密实砂土状，局部夹碎块，碎块手可掰断。⑧₃中等风化花岗岩，岩体呈碎块状、块状，节理裂隙发育。⑧₄微风化花岗岩，岩体呈块状、大块状，节理裂隙局部发育。

2 总体方案

该区段隧道跨度大、埋深浅、地质条件复杂，开挖过程中出现坍塌、突水等紧急情况的可能性大，地面沉降难以控制，因此在开挖过程中，必须通过控制措施保证地铁隧道结构安全，避免对地面建（构）筑物、地下管线造成破坏或留下安全隐患。施工工艺总流程如图2所示。

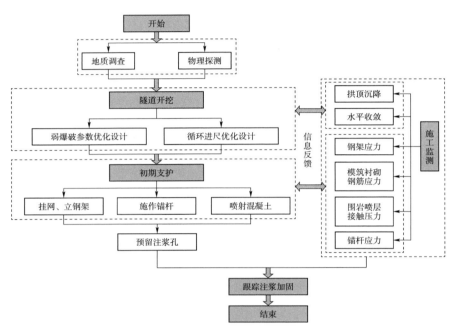

图2 施工工艺总流程图

3 关键技术

3.1 隧道开挖

3.1.1 爆破参数优化设计

3.1.1.1 爆破参数

施工过程中采用多布孔、少装药、弱爆破的线形微震爆破技术和光面爆破技术，爆破炸药采用低爆速、抗水性好的2号岩石乳化炸药，药卷直径按照掏槽孔为35mm，辅助孔为32mm，光面爆破周边孔为25mm，最小抵抗线取60cm，周边孔间距为60cm。采取空眼直筒掏槽孔的布置方式，最小间距20cm，其他炮孔间距为70～100cm。炮孔深度根据开挖循环进尺加深10%～15%，掏槽孔深度较其他炮眼超深10%，线装药系数控制在0.4kg/m以内，多分段，减少单线最大装药量，控制为3.5kg以内，增大相邻段起爆时间间隔，以此控制爆破应力波的叠加、爆破振动速度和振动频率，减弱对围岩的损伤。爆破参数见表1。

表1 爆破参数

参数项	参数设置
钻孔直径 d	42mm
最小抵抗线 W	80cm
光面爆破周边孔间距 a_1	60cm
辅助孔和掏槽孔间距 a_2	(1.0～1.2)W
炮孔排距 b	W
炮孔深度 L	$H+h$；单循环进尺 $H=2.0$m；炮孔超深 $h=(0.1\sim0.15)H$
单位炸药消耗量 q	≤1.6kg/m³
单眼装药量 Q	$0.33eqabL$；其中 e 为炸药换算系数，取为1.0；单位 kg

3.1.1.2 操作要点

（1）测量：每一循环都在掌子面标出开挖轮廓和炮孔位置。并在洞内拱顶及两侧起拱线处安装三台激光指向仪。钻孔前绘出开挖断面中线、水平线和断面轮廓线控制拱顶、起拱线位置并根据爆破设计标示出炮孔位置。

（2）炮眼布置：炮孔布置必须符合"炮孔深度按设计进行控制，周边眼沿着设计开挖轮廓线布置"的规定。炮孔布置如图3、图4所示。

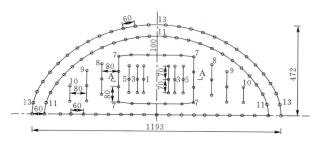

图3　上台阶开挖爆破炮孔布置图（单位：cm）

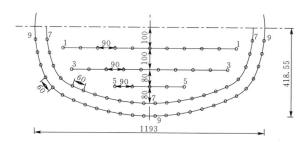

图4　下台阶开挖爆破炮孔布置图（单位：cm）

（3）装药：装药前先用高压风将孔中岩土碎屑吹净，并用炮棍检查孔内是否有堵塞物，装药分片分组，严格按爆破参数表及炮孔布置图规定的单孔装药量，雷管段别"对号入座"。

（4）堵塞：光面爆破孔孔口堵塞长度不小于20cm，掏槽孔不装药部分全堵满，其余掘进孔堵塞长度大于抵抗线的80%。炮泥使用2/3砂和1/3黄土制作并使用水炮泥。

（5）结起爆网路：采用塑料导爆管传爆雷管复式网路。连线时导爆管不打结不拉细；联结的每簇雷管个数基本相同且不超过20个。

3.1.2　循环进尺优化

（1）采用台阶法开挖，开挖进尺为2m，下台阶开挖滞后上台阶1～1.5倍洞跨，不宜相距太近或太远。

（2）在隧道开挖的过程中，加强对该隧道的监控，依据实际监测信息随时调整，保证上下两条隧道的稳定。

（3）挂钢筋网、喷射混凝土等初期支护措施必须紧随隧道开挖而进行，保证支护结构快速封闭成环，增大支护强度，以控制隧道围岩变形。

（4）加强隧道开挖各部的监控量测，一旦出现过大变形必须及时采取相应的应急保护措施。

（5）在需要打设系统锚杆的部位按照相应的要求严格执行，进一步加强支护强度。

3.2　初期支护

3.2.1　挂网

（1）钢筋网采用HPB300的ϕ8钢筋焊接成200mm×200mm网格，挂网使用的钢筋须经试验检测合格，使用前进行除锈，在洞外钢筋加工厂区制作成钢筋网片，保证环向和纵向钢筋间距均匀，位置准确。

（2）人工铺设钢筋网，安装时搭接长度1～2个网格，贴近岩面铺设并与锚杆和钢架焊接牢固。按照设计图纸要求，钢筋网焊接在钢架靠近岩面一侧或内外双层布置，以确保整体结构受力。

（3）钢筋网要与锚杆、钢架或其他固定件连接牢固，保证喷射混凝土时不晃动。喷混凝土时，减小喷头至受喷面距离和控制风压，以减少钢筋网振动，降低回弹，钢筋网片要有3～5cm的保护层。

3.2.2　施作系统锚杆

（1）系统锚杆采用ϕ25药卷锚杆。锚杆长2.5m，在先行洞隧道拱部165°范围内和后行洞隧道全环按照1.2m×1.2m间距呈梅花形布设。

（2）检查锚杆类型、规格、质量及其性能是否与设计相符。根据锚杆类型、规格及围岩情况准备钻孔机具。

（3）砂浆锚杆钻孔采用手风钻或凿岩台车钻孔，孔眼间距、深度和布置符合设计参数的要求，其方向垂直于岩层层面。钻孔完成后，用高压风水洗孔。

（4）安装前，先将"药卷"在水中浸泡，浸泡时间按说明书确定，不能浸泡过久，保证在初凝前使用完毕。安装时，用锚杆的杆体将药卷匀速地顶入锚杆安装孔，边顶边转动杆体，使药卷在杆体周围均匀密实，但不可过搅。安装好后，用楔块将锚杆固定好。

3.2.3　喷射混凝土

喷射混凝土分两次完成：初喷在刷帮、找顶后进行，喷射混凝土厚度4～5cm，及早快速封闭围岩，开挖后由人工在渣堆上喷护；复喷是在初喷混凝土层加固后的围岩保护下，完成立拱架、挂网、锚杆工序等作业后进行的。

喷射混凝土分段、分片、分层进行，由下向上，从无水、少水向有水、多水地段集中。施喷时喷头与受喷面基本垂直，距离保持1.5～2.0m，并根据喷射效果适时调整。设钢架时，钢架与岩面之间的间隙用喷射混凝土充填密实，喷射顺序先下后上对称进行，先喷钢架与围岩之间空隙，后喷钢架之间，钢架应被喷射混凝土覆盖，保护层不得小于4cm或符合设计要求。喷前先找平受喷面的凹处，再将喷头呈螺旋形缓慢均匀移动，每圈压前面半圈，绕圈直径约30cm，力求喷出的混凝土层面平顺光滑。一次喷射厚度控制在5～8cm以下，每段长度不超过6m，喷射回弹物不得重新用作喷射混凝土材料，新喷射的混凝土按规定洒水养护。

4 地表沉降监测及回归分析

在地表沉降监测过程中，难免存在人为、仪器、环境等因素，所监测到的数据会相应受到影响、存在误差，从而给预测和评价工作造成困难，因此拟合地表沉降与时间之间的关系很有必要。

取研究区间埋深最小的一个断面 K0+017 上的监测点 DBZ5 进行分析，监测该点的地表沉降部分量测数据见表 2。

表 2 监测点 DBZ5 的地表沉降实测值

时间/d	1	2	3	4	5	6	7	8	9	10
实测地表沉降/mm	0.61	0.72	0.91	2.13	4.24	6.01	6.13	6.12	6.24	6.41

根据表中的数据，运用对数函数对其进行回归分析：

$$y = a + b\ln x \tag{1}$$

式中　a、b——常数；

　　　y——测点的地表沉降值；

　　　x——测量时间。

将表 2 中的数据代入式（1）进行拟合分析得

$$y = -0.8818 + 3.2003\ln x \tag{2}$$

得出拟合曲线图如图 5 所示。利用此算式预测出第

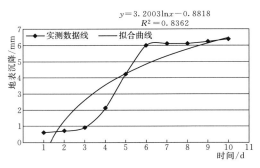

$$y = 3.2003\ln x - 0.8818$$
$$R^2 = 0.8362$$

图 5 地表沉降实测数据及拟合曲线图

30 天的地表沉降值为 10.00mm，而第 30 天的实测沉降量为 10.16mm，拟合精度符合要求，且在沉降允许范围（30mm）内，表明该处地表沉降未出现异常情况。

5 结语

本工程钻爆法施工方案和支护措施，保证了施工过程中隧道上覆地层的稳定性，有效控制了爆破振动影响，通过现场监测分析，隧道围岩稳定、地表沉降值满足规范要求，针对大断面浅埋地铁隧道，这是一种安全、有效的施工方法。笔者对于后续施工还有以下两点思考：

（1）地表沉降回归分析中实测值较少，且变化没有趋于规律，可考虑增加监测时间和监测点，求得更精确的拟合函数。

（2）爆破参数应根据现场实际情况，在每次爆破前做出相应的调整，以保证施工质量和施工安全。

参考文献

[1] 黄宏伟. 城市隧道与地下工程的发展与展望 [J]. 地下空间，2001（04）：49-52.

[2] 万姜林，唐果良. 复杂周边环境下浅埋超大断面隧道施工技术 [J]. 地下空间，2004（02）：30-34.

[3] 卿伟宸，廖红建，钱春宇. 地下隧道施工对相邻建筑物及地表沉降的影响 [J]. 地下空间与工程学报，2005（06）：41-43.

[4] 张印涛，陶连金，边金. 盾构隧道开挖引起地表沉降数值模拟与实测分析 [J]. 北京工业大学学报，2006（04）：35-39.

[5] 付天杰，郭峰. 特坚硬岩石基坑浅孔控制爆破技术 [J]. 工程爆破，2011，17（2）：31.

[6] 赵占军. 微振动浅孔控制爆破在基坑开挖中的应用 [J]. 城市轨道交通研究，2016，19（4）：73-77.

TBM 施工相关适应性问题探讨

梁国辉/中国水利水电第四工程局有限公司

【摘　要】 本文主要论述了 TBM 工法的地质适应性和设备适应性，可为长隧洞工程应用 TBM 工法提供参考和借鉴。

【关键词】 TBM 施工　经济　地质　设备　操作与管理

1 引言

本文结合兰州市水源地建设工程输水隧洞 TBM 施工，从地质适应性、设备适应性两个方面对 TBM 工法进行探讨。

2 TBM 工法的地质适应性

2.1 TBM 施工常见地质问题

兰州市水源地建设工程输水隧洞沿线地层岩性复杂多样，出露的地层主要有前震旦系马衔山群黑云石英片岩、角闪片岩，奥陶系上中统雾宿山群变质安山岩、玄武岩，白垩系下统河口群砂岩、泥岩、砂砾岩和第四系风成黄土及松散堆积物，侵入岩主要为加里东期花岗岩、石英闪长岩。输水隧洞沿线分布地层较多，岩性不一，构造较发育，工程地质条件较复杂。根据施工过程中揭露的围岩岩性，TBM 施工洞段围岩类别以Ⅱ类、Ⅲ类为主，局部洞段为Ⅳ类，其中Ⅱ类围岩约占总长度的 54.2%，Ⅲ类围岩约占 31.5%，Ⅳ类围岩约占 14.3%。

本工程在施工期遇到的不良地质现象有裂隙发育卸荷体、断层破碎带、软岩塑性大变形、涌水等，下文将结合施工过程中遇到的问题和解决措施进行详细介绍。

2.2 TBM 施工常见地质问题解决措施

2.2.1 硬岩

判定适合 TBM 施工的岩石分类方法，在国内外研究较多，但一直未形成定式。从工程解决施工实际角度出发，本人认为可从两个参数分界上界定是否为硬岩掘进：第一个参数为岩石单轴饱和抗压强度 R_c；第二个参数为岩体完整性系数 K_v。当单轴饱和抗压强度 $R_c > 120MPa$，岩体完整性系数 $K_v > 0.7$ 时，硬度大，判定

TBM 施工进入硬岩掘进。

硬岩掘进振动较大，最容易出现刀具破坏现象，一旦不能及时停机检查，将引发连锁效应，造成已破坏刀具对周边刀具的连带破坏，给项目造成换刀工时延长及经济上的损失。因此，在施工中应采取以下措施：

（1）在刀圈选择上，选用窄刃刀，刀圈性能要求强度高，韧性好。

（2）选择合金材质，强化刀座安装、拆卸的便利性。

（3）给操作手设定最大推力值，严禁超过设定值，以免引起刀轴断裂。

（4）操作手发现扭矩值突变时，停机，并及时检查刀盘和刀具。

（5）掘进中，观察贯入度的变化，设定每掘进 2～3 个循环，检查刀具。

（6）观察岩渣及粉末含量、盾体的抖动变化、掘进参数的突变等。

（7）通过地质资料或隧洞掌子面取芯样，进行试验检验和指标分析，通过超前钻探测，提前释放应力等。

（8）掘进过程，勤观察岩渣及掘进参数的调整，制定硬岩掘进、参数控制措施及方案。

2.2.2 软弱围岩

软弱围岩是指 TBM 在掘进过程中，因临空面的出现，在地应力作用下或岩体自身膨胀性，引起洞径快速收敛变形，从而引发盾体被卡，阻碍 TBM 的正常掘进。

软岩施工段主要采取的措施如下：

（1）软岩段较短，长度不大于 200m，且围岩收敛速度小于正常掘进通过速度时，建议先采取连续掘进直至快速通过，在收敛变形区较小时，再设备维护。

（2）软岩段较长时，应提前在边刀上加装扩挖块，增大开挖洞径（5～10cm），扩挖预留变形量。但操作程序复杂，需要整体提升刀盘，启动提升油缸，松动刀盘螺栓，作业空间小，操作困难，占用时间长。

（3）在兰州市水源地建设工程，采取的做法是：

①在边刀加装 2cm 扩挖块，刀盘不做提升处理，实现扩挖功能。操作时提高顶部主推油缸背压，以控制机头下沉，节约工作时间，从而取得良好的效果。②边刀采用新刀，实现 1～1.5cm 的扩挖功能。根据检测的收敛变形数据，同时选择加装扩挖块与加装新刀的组合方式，顶部主推油缸安装背压阀，进行扩挖掘进，效果显著。

（4）通过取芯样等试验检验岩性指标，制定开挖掘进方式及方法。同时观察岩渣，制定掘进措施。

（5）对围岩收敛变形实施观测，控制掘进参数。对因围岩变形速率较快形成的卡机现象，据现场实际情况，制定脱困措施及方案。

2.2.3 断层破碎带

围岩结构面发育，岩体破碎，形成断层破碎带。与其伴生的往往是地下水活动较强，岩石风化严重，岩石稳定性较差。此类洞段在 TBM 施工时极易发生坍塌、帽顶等地质问题，严重影响施工安全和掘进。

当前 TBM 施工尚不具备对前方地质进行详细预报或实时预报的功能，这也增大了长距离 TBM 施工的风险。在施工作业中，主要采取的措施如下：

（1）提高操作手预判能力。当出现渣量增大（大于正常出渣量的 10%），岩渣规格明显不均，大小悬殊，岩粉含量低，推力下降，掘进速度加快，前后支撑反作用力降低等现象时，操作手应特别关注掘进状态，必要时可提前停机处理。

（2）当刀盘可转动，前盾进入破碎带不超过 1/3 前盾长度时，可以停机，并立即安排进行超前地质预报，以判定断层破碎带的长度，制定处理措施。

（3）若断层破碎带较短，只要出渣量可以控制，且不超过正常掘进出渣量的 10%，可采取"三低一连续"模式掘进，即降低主推油缸推力，降低刀盘转速，降低掘进贯入度，连续掘进。同时应严格控制刀盘喷水，观察单位时间出渣量，有效降低掘进速度，直至通过。

（4）一旦出现卡盾迹象或支撑盾无法提供反力时，在被卡住前，双护盾 TBM 现场操作应立即改为单护盾模式进行掘进，可增加推力，并有效预防盾体栽头。

（5）当判定断层破碎带较长（大断层可达到 100～200m），出现渣料输出不可控制、刀盘无法转动、机头下载等问题时，应立即停机，采取超前地质处理和主推背压等措施。通常在采用刀盘前预注浆和超前预注浆的加固方式处理后再掘进，然后边处理边掘进，直至通过。

（6）对断层破碎带发生的卡机现象，据现场卡机实际情况，分析判断制定脱困措施与方案，实施脱困。

2.2.4 涌水

以兰州市水源地建设工程为实例，参考国内外类似工程施工经验，均采取"以排为主，以堵为辅，排堵结合"的方式，尽量减少涌水对掘进的影响和干扰。

TBM 施工支洞长度 3km，下坡施工，坡度 2.4%。主洞段长度为 9.2km，坡度 0.1%，进入主洞上坡施工。根据开挖揭示的地下水和埋深，判定为围岩裂隙水，尚未发现与地表水系连通。

该地区地下潜水为主要大气降水补给，水量较小，并在岩石中独立成为一个潜水体。单体较大的潜水体流量往往较大，持续涌水时间长。当埋深较大时，存在重力压力，涌水点呈喷射状。但以上涌水有一个共同特征：一旦 TBM 掘进中打开渗漏点，涌水瞬时量较大，随着时间推移，水量变小。因外部补给水量很少或无，局部洞段几天或几周后无渗水出流。

针对以上条件，本工程涌水采取的处理措施：

（1）在施工支洞段因下坡掘进，通过水文地质分析，没有出现较大涌水，施工过程不独立设置集水坑，边掘进，边抽排。本抽排系统共设两部分：设备伸缩盾内集中排水，通过后配套架设的排水管，接引至后配套尾部污水箱内；在污水箱处配置排水效率高的大扬程污水泵，一次性抽至洞外污水处理池。具体见图 1。

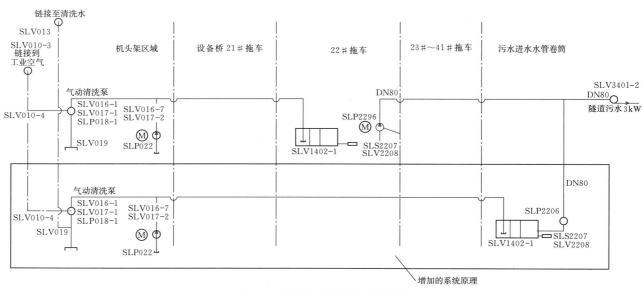

图 1　支洞段 TBM 设备排水布置图

（2）当出现应急排水时，因 TBM 长 415m，可增加水泵和消防水带，加大设备区间排水能力，确保机头不被水淹。后配套尾部也可以采取此类办法，但应在已掘进洞段内分段设置拦水堰，拦水位置应提前装配电源，及时为排水泵提供电力，这样使洞内具有一定储水能力，减少排水压力。在此过程，TBM 停止掘进，保证涌排能力平衡，直到抽水能力大于涌水量并达到一定富

余后再行掘进。利用 TBM 停机间隙，组织人员对地下水探测预报分析，调整措施。

（3）当 TBM 施工进入主洞段后，立即在主支洞交叉口的最低点开凿旁洞，设置集水坑（见图 2），安装正常和应急排水设备。电气设备尽量高挂，防止泡水。操作中在洞壁上标示限制水位线，防止电器设备进水。

（4）主洞长度内，沿程的漏水和突涌水会累加，大

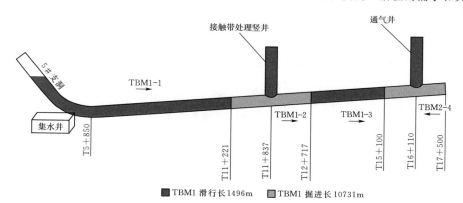

图 2　主支洞交叉段集水坑布置

大加重了最低点的应急排水能力。当出现紧急情况时，在主洞内分段筑小围堰，因主隧洞坡度小，在 TBM 远离最低点时，可加大储存量，以缓解最低点的排水压力。同时利用 TBM 停机间隙，组织人员探测预报地下水，以便采取措施。并安排地质人员每掘进两环对刀盘前部涌水情况实施检测评估。

（5）对洞线水文地质调查分析，初步估算地下来水量，评估排水设备选型，设备及排水管路配置，尽可能大小配合，以适应地下水情况。

（6）结合兰州市水源地建设工程实际，以最低点水量控制为基础，结合现有的排水设备及变压器容量，固定选择一台 200kW 潜水泵（接 DN200 排水管）和一台 90kW 螺杆泵（接 DN200 排水管）同时运行排水，排水量约 310m³/h，设备最大排水 435m³/h，富余 125m³/h。由此判断停机或掘进，可供项目借鉴。

（7）当地质预报前方有较大涌水时，涌水量超过最大排水能力，应停止掘进。先选用超前打孔，控制释放涌水。若仍不能解决，最终采用超前打孔灌浆封堵涌水。

（8）对掘进过后洞内渗漏水段的水量依然保持较大的，应提前做好钻灌台车，在最大漏水区段通过打深孔注浆进行封闭，降低沿程渗水量。实施中先由出水两端钻灌，再往中间集中灌浆封闭堵水。

3　TBM 工法的设备适应性

3.1　兰州市水源地 TBM 设备

兰州市水源地建设工程采用具有完全自主知识产权

的双护盾 TBM 施工。整机可分为机械系统，液压系统，电气系统，监控系统，导向（VMT）激光定位系统，及风、水、电等 6 大系统和 28 个分系统。TBM 主机设计图见图 3。

TBM 制造前，根据地质资料、设计洞参数及技术要求，通过初步论证，实施设备选型。但在具体应用时，受不良地质、人员操作、工艺和流程、设备系统内部关联性等因素的影响，设备合理性依然存在一定的改进空间。为保证 TBM 布置适应施工工艺、生产流程及各工序间的施工配置条件，建议结合现场施工实际，以适应生产连续性为导向探讨改进，达到性能完好、加快 TBM 施工效率的目的。

3.2　中心刀适应性改进

兰州市水源地 TBM 中心刀采用六联刀设计（见图 4）。该设计在软岩条件段应用效果良好，但在Ⅱ类围岩中，由于受力值大，中心刀破坏严重。因六联刀在破坏时，其中一把刀出现问题，六把刀要同时拆除、换刀安装，费工费时，安装效果偏差较大。参考其他项目刀盘设计，建议该中心刀采用两联刀设计（见图 5），减小重量，提高中心刀安装效率，保证质量。发生破坏时仅需对两联刀更换，节省成本。

3.3　喂片机及 1♯皮带机接渣口改进

管片安装前，通过喂片机的储存供应，保证管片及时安装。兰州市水源地建设工程每环管片数为 6 片，每片宽 1.5m，采用三片存储供应模式，虽可完成管片储存，但保证率降低。因吊机供应管片行走距离长，且下

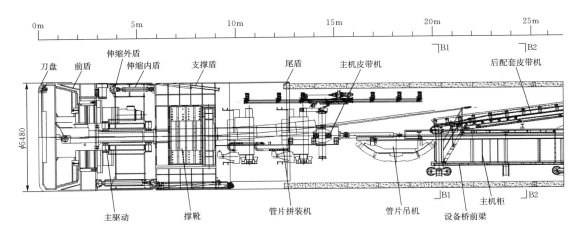

图 3　TBM 主机设计图

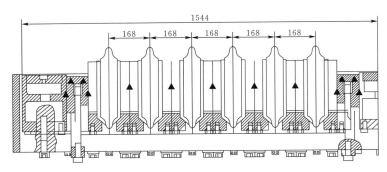

图 4　六联刀设计

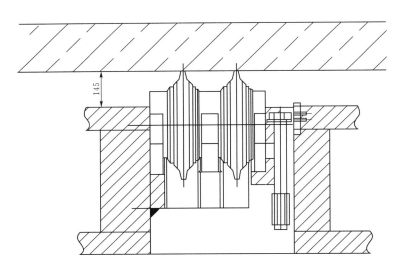

图 5　两联刀设计

坡吊运，频繁运行故障率高，管片吊运的及时性和吊运速度难免存在问题，影响管片安装。因此，建议增加喂片机长度（达到一环管片存储量），有效保证连续安装（利用掘进换步时间吊运存储），这对掘进、管片安装起到关键性的作用。

在施工过程中，1♯皮带机故障频繁，从现场施工运行角度观察，主要是接渣口与刀盘旋转的间距过大，刀盘内卸渣体型不是顺势流下滑向 1♯皮带机接渣，大部分渣料直接惯性砸向 1♯皮带机接渣口，导致 1♯皮带机经常发生故障。建议调整刀舱内隔板趋势（通过模拟试验），在 1♯皮带机接渣口选择合理的流渣方式。

3.4 增加备用管片吊机

吊机输送管片是保证施工环节的重要工序，因其行走机构频繁运行磨损、吊机故障等造成系统停机频发，经常停机 2～3h，甚至更长。建议在双轨梁上直接安装两台吊机，做到一备一用，提高管片的供应效率。正常情况下吊运，启用 1♯ 吊机，2♯ 吊机位于吊轨梁尾部备用。吊机高度设计时，保证运输管片车能穿行吊机底部，当 1♯ 吊机出现故障，移动 1♯ 吊机至前部管片拼装机处，等待停机修复，启用 2♯ 吊机，使管片吊运保持连续。

3.5 增加管片卸载器

兰州市水源地建设工程，列车编组将 4 节管片车（2 环）运至 1♯ 台车摘下留置，管片吊机直接从管片车上吊运每片管片，列车编组等待，影响运输效率和管片

安装效率，影响 TBM 掘进效率，增加了列车在台车上的移动频次，增大了安全运行风险。因此，建议在 1♯、2♯ 台车上增加 4 组管片卸载器。列车编组到位后，利用 4 组管片卸载器同步将管片车上的管片提起，列车移动退出，卸在台车上。管片安装时，利用吊机直接吊运至喂片机，进行管片安装，减少运距，既保证了管片安装，又提高了 TBM 掘进效率。

3.6 设备桥行走装置改进

兰州市水源地建设工程设备桥行走装置位于管片侧壁上，运行中出现两个比较的突出问题：第一，包胶轮易损坏，更换困难；第二，包胶轮行走于侧管片边角处，极易造成侧边管片受压下沉，影响拼装质量验收，个别情况易发生管片边角受压损坏。因此，建议将行走装置改至底管片轨道平台上（见图6），受力条件好，不易损坏，更换方便。

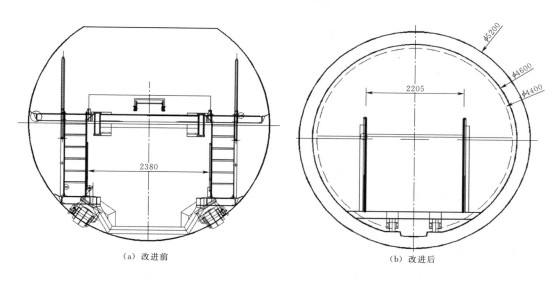

（a）改进前   （b）改进后

图 6　设备桥行走装置改进前后对比

3.7 脱困模式与主推力的解放

双护盾脱困模式有多种方式，其中单护盾模式脱困是最重要、最直接的一种。当主推油缸无法提供更大推力，TBM 需继续前行时（外部压力或摩擦力大于主推力），应启用单护盾模式。在此模式下，辅推油缸全部发力（为 TBM 提供更大推力）进行脱困。在单护盾模式下，当辅推力全部发力依然无法进行脱困时，还可以启用高压泵脱困，提供更大推力。

兰州市水源地建设工程，在保持单护盾模式时，回收主推油缸所有自由行程（但依然存在被动压力），仅辅推油缸传递的压力使主推油缸被动压力达到极限值，无法做到加压，没有完全实现真正意义上的脱困推力，降低了设备使用效率。因此，建议增加装置，启用脱困

泵，在单护盾模式下，主推油缸收回全部自由行程，前盾与支撑盾间可以硬连接，依靠硬连接传递推力给前盾，使主推油缸不再受力，实施脱困。

在施工中，启动脱困油泵时发现，由于辅推油缸数量多，脱困泵供油量小，启用后脱困效果不明显（脱困泵运行 30min 及以上，未发现油缸行程发生较大的变化，即使有变化也仅仅是对油缸内液压油的自由压缩）。说明供油量受供油管路直径的影响，没有快速达到供油形成脱困推力。因此，涉及高压油泵与管路相互间关系及性能、油压问题，值得思考改进。

3.8 管片设计与施工效率

TBM 掘进速度受影响的另一个主要因素就是管片拼装。当两者速度能相互匹配时，掘进效率能实现

最大化。本工程采用六片梯形设计（见图7），较其他类似工程四片六边形设计（见图8）多出两片。从管片拼装的效率看，平均每片安装用时为4～5min，六片管片安装为20～30min。在施工特殊情况下，管

片拼装操作手每环拼装达到了40～50min，直接制约了掘进速度。在不改变设计结构性能的提前下，建议从施工运行角度，充分考虑施工便捷，尽量减少每环管片数量。

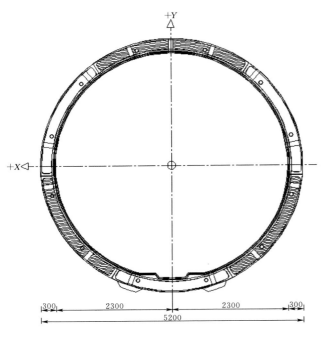

图7 六片梯形管片设计

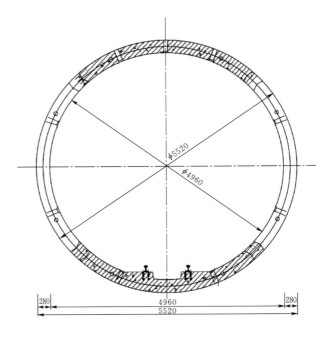

图8 四片六边形管片设计

3.9 刀盘、刀间距和刀具的选择

从本工程围岩资料分析，标段硬岩占比较高，通过现场TBM施工，岩渣观察，刀具磨损，刀具频繁更换等统计资料，结合工程施工经验及相似性原理，建议设备选型时，对刀盘布置及刀间距定位、刀具选用，应在合理计算、模拟应用方面认真研究，强化措施，满足TBM地质围岩适应性的问题。同时建议，当硬岩占比较高时，刀具采用17in❶破岩较好，刀具布置及刀间距应进一步合理优化，使破岩后的岩块较均匀，岩粉含量低。硬岩段占比较高时，采用19in刀具，存在适应性差、成本高、换刀频率高及不便利、占用时间长、破岩效果较差等问题。

3.10 设备线路、管路布置的选择

设备内管路、线路布置应落实规范化、标准化要求，特别是主机内的线路、管路布置与定位。合理设计确定线夹、线架、端子排位置，方便施工检查、检修，

以及排除故障，并创造良好的工作环境和作业安全。建议对设备线路、管路合理规划，并进行标准化、规范化布置。

3.11 撑靴铰接油缸改进

本工程设备撑靴油缸采用铰接形式，当撑靴顶出靴板时，靴板与围岩接触面积较小，不能完全重合，达不到完全提供反力的目的，掘进中经常出现设备盾体滚动现象。为此，建议撑靴油缸采用90°直接顶推靴板的方式，保持撑靴板与围岩接触面积增大和吻合，防止盾体滚动，并提供较大的掘进反力。

本工程TBM施工总长度12.23km，TBM掘进安装管片10729m，滑行安装管片1497m，安装管片共计8147环。由于地层多变、地质情况复杂，TBM在施工过程中经历了硬岩掘进、断层破碎带、十余次突遇涌水、数次软岩收敛变形、卡机等施工风险，创造了最高日进尺60m、最高月进尺900.60m的掘进纪录，达到了国内TBM硬岩掘进的较高水平。

---

❶ 1in＝2.54cm。

4 结语

本文结合兰州市水源地建设工程施工，主要对 TBM 工法地质适应性和设备适应性问题进行了阐述说明，指出了 TBM 设备运行中存在的问题，提出了解决措施和改进方法，可为类似工程施工提供参考。

参考文献

［1］ 洪开荣，王杜娟，郭如军．我国硬岩掘进机的创新与实践［J］．隧道建设，2018，38（4）：1-19.

［2］ 杜立杰．中国 TBM 施工技术进展、挑战及对策［J］．隧道建设，2017，37（9）：1063-1075.

［3］ 周小松．TBM 法与钻爆法技术经济对比分析［D］．西安：西安理工大学，2010.

［4］ 姚晓明．TBM 在超长隧洞施工方法研究［D］．成都：西南交通大学，2011.

卡塔尔市场 RO 许可申办流程研究与分析

范连勇　李洪久　刘传景/中国电建市政建设集团有限公司

【摘　要】 本文结合卡塔尔 GTC606 供水管线项目在开工审批令 RO 许可（ROAD OPEN PERMIT）申请过程中的实际问题，阐述了卡塔尔市场 RO 许可申办流程及当地各单位部门的合作机制，总结了许可申办工作开展中的要点和注意事项，可为类似项目提供参考。

【关键词】 卡塔尔市场　RO 许可申办　模式　流程

1　何为 RO

随着中国企业"走出去"理念的不断深入和"一带一路"发展战略所带来的机遇，我国施工企业融入国际市场的步伐日益加快，并在国际工程承包市场的竞争中发挥着主导作用。卡塔尔建筑市场，随着我国施工单位参建的项目增多，当地市场竞争日益激烈。因此，能否顺利申办到开工审批令 RO（ROAD OPEN PERMIT），直接关系到在卡塔尔承建的基础设施建设项目能否顺利开展，同时也关心到整个工程项目的盈亏。

所谓开工审批令 RO，分为 RO1 和 RO2 两种。RO1相当于国内的征地拆迁手续，本应由业主负责，但在卡塔尔市场环境下，各个政府部门的工作效率相对低下，业主迟迟未能取得 RO1，为了加快施工进度，使在建项目尽快具备开工条件，施工单位需提供本应由业主来提供的平面图等基础资料，推动施工许可办理。如果说RO1 解决的是征地问题，RO2 解决的则是设计与政府部门以及其他施工单位之间在项目审批、业务办理以及工作协作、协调问题。每次报批都要先把图纸录入到法定的审批系统（Q－PRO）中，更需获得所涉及的相关部门及项目的无异议确认函（NOC）后，方可获得 RO2许可，之后才能申请开挖和环境许可，从而使得现场具备开工条件。

本文根据卡塔尔市场工程施工现状及市场特点，结合 GTC606 管线工程项目实际施工管理经验，针对

其特殊性提出了"分段施工，逐一击破"的方法，采用基础理论与实际情况相结合的方法，分析 RO 许可申请工作流程原则并研究技巧策略。对于我国承接类似工程的施工单位合理正确地申办施工许可具有一定的借鉴意义。

2　RO 许可申办、管理流程及要点

2.1　理清基础资料，推进 RO1 申请

首先要建立 RO 许可申请工作的组织体系，明确业主单位负责 RO1 申请具体工作；施工单位明确规定施工作业的范围、目标、方法、措施，使之符合项目实施计划中规定的项目目标和原则，并经业主认可。在编制平面图等基础资料时，要认真熟悉和研究合同，明确合同目标、合同条件、当地的资源情况、工程概况；结合项目的实际情况，编制出可行的、操作性强的基础资料，然后进入卡塔尔政府有形市场网络进行 RO1 许可申请，并通过卡塔尔政府相关部门发布公告。项目 RO 许可申请基本流程见图 1。

项目 RO 许可申请中涉及相关利益方的情况见表 1。

基础文件准备 → RO1 申请 → NOC 申请 → RO2 许可 → 开挖、环境许可

图 1　项目 RO 许可申请基本流程图

表 1 项目 RO 许可申请中涉及相关利益方情况

许可涉及 内容明细	涉及相关利益方
水、电系统	KAHRAMAA（卡塔尔通用水电公司）
道路、TSE、 污水排放系统	Ashghal（卡塔尔公共工程署）
电缆光缆信息 处理系统	Ooredoo（卡塔尔电信公司）
地铁设施系统	Q - rail line（卡塔尔地铁公司）
油气管线系统	Q - Petrol line（卡塔尔石油公司）
其他涉及的在 建施工单位	P08、P10、P11、P15、P23C - 1、P23C - 3 （在建高速公路施工项目）； GTC599A、GTC599B、GTC611、 PRPS4、Facility D （在建海水淡化的相关项目）

2.2 审查勘测、设计准备工作

施工单位应对已中标的设计单位提供的勘察、设计规划以及勘察、设计工作实施细则、设计程序等进行前期审查，审查结束后签署批复意见书并报批监理和业主审批。

2.3 技术交底

提交 RO2 申请前的技术（施工图）交底是必要的。开工前的技术（施工图）交底是业主代表主持的，由设计单位对工程的技术要点、难点及施工注意事项进行说明，施工单位及监理单位也可以提出工程中的技术问题，通过交底会可以使施工单位、监理单位与设计单位之间建立直接的联系，交底后要形成会议纪要以便日后查用。

2.4 取得交叉作业施工项目的无异议确认函（NOC）

管道施工项目的交叉作业工程主要包括：道路、桥梁、地铁、光电缆网、现有水管网等。在与这些施工单位交叉作业时，为了确保按期完成工程施工任务，必须在施工前进行施工组织设计、施工方案及相关地下设施图纸设计的论证。施工单位需组织相关部门单位审查施工组织设计及施工方案并尽快得到交叉作业工程项目的无异议确认函（NOC）。

2.5 组织现场勘察，推动 RO2 报告的批复

RO2 许可证需要按照项目的规模到卡塔尔的相关行政机关办理，而且这项工作是工程总承包开工的前提条件，应尽可能早办。一般的总包合同都规定业主协助承包方办理工程 RO2 许可证。总承包方一般需要准备营

业执照、财务报表和相关资质证书的公证和领事认证工作，还需要现场项目部成立文件和项目负责人的任命文件等相关文件的英文本或翻译公正本以及得到交叉作业的相关工程施工单位的 NOC 和相关政府部门的许可后，提交给卡塔尔有关政府部门或其主管建设的行政机关进行初审。

业主在批复施工单位的开工报告前，还要组织市政、油气、电光缆网、现存运行水管网等相关政府部门人员对施工单位进行最后的检查，主要检查施工单位的人员、机械设备及相关技术储备情况，检查施工单位对文明施工及安全生产的落实情况，检查施工场地地下设施及相关在建、计划要建的项目交叉作业情况，最后形成地下设施勘察报告并签字确认。

一般在项目开工前或开工初期办理上述手续，业主大多能积极配合。承包商要充分利用业主与当地建设主管部门的良好关系，尽快办妥工程 RO2 许可证。

2.6 获取开挖许可和环境许可

在得到 RO2 许可后，施工单位即可到卡塔尔当局的市政厅及环境部申请项目的开挖和环境许可，为项目开工打好基础条件。

2.7 召开工地会议

RO 许可全部获取后，即可组织业主方、监理单位进行工程项目的第一次工地会议。会议的主要内容如下：

（1）业主向监理单位授权开工报告。

（2）业主、施工单位、监理单位及第三方介绍组织机构和人员的分工情况。

（3）业主向施工单位及监理单位等提出相关要求，并宣告有关规定。

（4）会议要形成会议纪要。

第一次工地会议十分重要，它对整个工程项目进程将起着把关、定向的作用。

以上是卡塔尔 GTC606 管线项目进行 RO 许可申办过程和需要把控的要点，在整个项目的许可申请及实际管理工作中也给了我们一些启示：

一是要充分发挥施工监理的能动性。监理不仅仅是对现场施工质量的监督，还应对工程的许可申请进行监管及推动，这是监理单位的职责所在，但在卡塔尔建筑市场的实际工作中，存在着监理单位力度不够、职权受限、不能充分发挥监理作用的情况，使工作畏首畏尾，不能尽职尽责。因此，施工单位首先需要加强沟通，促进监理单位摆正自己的位置，认清职责，认真负责并维护监理的权力，充分发挥监理单位在 RO 许可申请过程中的积极作用。

二是要做到眼前问题解决彻底，遗留问题处理及时。RO 许可的申请往往是多个专业的统一体，如市政

工程，管网工程、交通工程以及光缆电缆工程、油气管线工程等；要力争各项工程的安全实施，尽量减少重复工作。在工程尚未移交的情况下，施工单位要保持对业主和监理单位的沟通与协商，做到眼前存在问题力争及时解决，后续遗留问题积极沟通协商及时处理。

三是要切实建立健全 RO 许可证制度。施工单位在组建项目部之初应首先建立一套完整的 RO 申请流程制度，保证信息准确完整，并能及时协调沟通。

3 结语

综上所述，针对中东地区卡塔尔市场而言，RO 许可在很大程度上影响着整个施工项目的进展，因此，为了保证工程项目能够平稳推进，就必须对 RO 许可申请及管理中的一些潜在风险因素进行相应的探究，研究出对施工项目许可风险管理的有效措施，从根本上减少风险的发生，从而保证在建工程的施工进度。

浅谈工法文本的编制要点与常见误区探析

袁幸朝　梁　涛/中国水利水电第五工程局有限公司

【摘　要】　本文对工法的定义作了简要说明，从工法文本内容的组成及语言结构要求方面介绍了其编制要点以及相关注意事项，并分析了容易发生的误区。

【关键词】　施工工法　开发　编制　误区

1　引言

工法的开发、编制、应用工作在我国建筑业已有二十多年，已成为建筑施工企业重要的技术管理工作之一。实践证明，工法是施工企业标准的重要组成部分，是施工企业开发应用新技术工作的一项重要内容，也是施工企业技术水平和施工能力的重要标志。

2014 年 7 月 16 日，住房和城乡建设部以建质〔2014〕103 号文印发修订后的《工程建设工法管理办法》（以下简称《管理办法》）。《管理办法》定义：工法是指以工程为对象，工艺为核心，运用系统工程的原理，把先进的技术和科学管理结合起来，经过工程实践形成的综合配套的施工方法。它必须具有先进、适用和保证工程质量与安全、环保、提高施工效率、降低工程成本等特点。其他部门或学会（协会）结合本行业的特点，对工法定义略有调整，但总体叙述基本是相同的。

工法分为国家级、省（部）级和企业级三个等级。各级工法对工法的申报资料都做了明确要求，一项完整的工法申报材料至少包括工法申报表、工法文本、工程应用证明、经济效益证明、反应工法操作要点的视频或照片等资料，而且为体现工法的先进性、创新性，一般还要求有工法关键技术鉴定（评审）报告、工法内容查新报告和其他与工法相关的专利、论文、科技奖等综合证明支撑材料。其中，工法文本的编制是工法开发的最基础，也是最重要的工作。

2　工法文本的编制要点及常见误区

一项技术从其形成到进行规范，不仅体现了技术的成熟，也体现了管理的成熟。工法文本作为一种类似于规范、规程的特殊文体，《管理办法》对工法文本的内容组成和语言结构进行了严格的规范。因此，工法文本的编制"形易实难"，特别要注意避免误区。

不管是国家级工法、省（部）级，还是企业级工法，其工法文本的编制都必须遵循《管理办法》的规定，并按照工法的 11 项内容按顺序进行编制。具体如下。

2.1　前言

简要说明（概述）开发本工法的理由、目的和形成过程及推广应用概况，本工法解决了哪些问题、达到的技术水平、关键技术的鉴定（评审）情况、技术可靠性证明情况及有关获奖情况及获奖等级和开发本工法的意义和作用等。达到的技术水平应是科技查新及专家鉴定（评审）结论，不能自我定结论，更不能自吹自擂。关键技术的鉴定（评审）及获奖情况如果没有可以不写，但工法的形成过程必须在前言中作出说明。

常见误区：前言冗长不精练、不准确。一般不应出现有关工法特点、经济效益或社会效益的内容。依托的工程可以提到，但不能将工程概况写入前言。

2.2　工法特点

说明本工法在使用功能或施工方法上的特点，与传统施工方法的区别，与同类工法相比较，在工期、质量、安全、造价、用工或减轻劳动强度等技术经济效益方面的先进性和新颖性。如果只是一个应用方法的工法，则仅需写明使用功能上的特点。

常见误区：特点模糊。一般只是写成了本技术在使用功能或施工方法上的特点，特别是采用新材料和新装置（构件）形成的工法，很多写成了材料使用说明书和产品说明书。

2.3　适用范围

说明针对不同的设计要求、使用功能、施工环境、工期、质量、造价等条件，列举最宜适用本工法的具体工程对象或工程部位，不能夸大其词。有的工法还要规定最佳的技术条件和经济条件。

常见误区：范围不明确。工法是一个综合配套的系统工程，不要把这一节写成最宜采用本技术的工程对象或工程部位，也不要仅仅强调本技术的适用范围。

2.4 工艺原理

说明本工法工艺核心部分的原理及其理论依据。从理论上阐述本工法施工工艺、管理的基本原理及操作过程，着重说明关键技术形成的理论基础，使阐述严密、科学、令人信服。凡是涉及技术秘密方面的内容，在编写时应予以回避，使读者能一般了解工艺原理的大致内容而不会真正掌握机密的核心部分，以按照知识产权法的有关规定对企业的利益予以保护。对工法中包含的技术专利，编写时可以写明专利号，核心内容作为附件报送。

常见误区：原理不明确。工艺原理在整个文本中所占篇幅不多，位置也不显赫，但这部分非常重要，能起到画龙点睛的作用，工艺原理编写得精炼、准确，对提升工法的核心技术有特殊的意义。特别是难、新的工艺，其原理写不好很可能会影响到整个工法的可信度。在写工法文本前，应先将工艺原理理解透彻，编制过程中特别需要反复推敲和斟酌。

2.5 施工工艺流程和操作要点

施工工艺流程和操作要点是工法文本的最重要的内容，最核心的部分。应该按照工艺发生的顺序或者事物发展的客观规律来编制工艺流程，并在操作要点中依次分别加以描述。对于使用文字不容易表达清楚的内容，要附以必要的图表。工艺流程要重点讲清基本工艺过程，并讲清工序间的衔接和相互之间的关系以及关键所在。工艺流程最好采用流程图来描述，对于构件、材料或机具使用上的差异而引起的流程变化，应当有所交代。这部分在工法文本中占的篇幅最多，是文本的重点和核心部分，一般分为工艺流程和操作要点两节来写。

常见误区：工艺流程与操作要点不对应。很多文本操作要点都是摘抄或者照搬施工方案、科研成果资料，篇幅冗长，没有提炼和升华，而且和工艺流程完全不对应。操作要点一定要对应工艺流程图中施工顺序进行详细地阐释，不能流程图中提到的施工步骤在操作要点中没有解释，也不能把操作要点中需要说明的问题在流程图中没有反映。

2.6 材料与设备

应说明该工法主要材料、设备的名称、规格，主要技术指标以及施工机具、仪器等的名称、型号、性能、能耗及数量，最好是列表说明，采用新型材料时还应注明其检测方法。为保证工法具有广泛的适用性，工法中

涉及的有关材料设备的指标数据一定要严谨、准确。此外，还应强调该材料设备在操作要点中起到的作用，以证明该材料在工法技术实现中是必不可少的。一般来说，本章还应配置有劳动力组织表。

常见误区：材料设备列项不全或与工法实施无关。

2.7 质量控制

工法必须遵照执行的国家、地方（行业）标准、规范名称和检验方法，并指出工法在现行标准、规范中未规定的质量要求，并要列出关键部位、关键工序的质量要求，以及达到工程质量目标所采取的技术措施和管理方法。如果工法涉及的质量标准及控制方法还没有现行的规定，要注明企业所采取的措施、方法并提供企业标准。

常见误区：没有说明执行标准，质量控制泛泛而谈。有些工法的质量要求可依据现行国家、地区、行业的标准、规范规定执行，有些工法由于采用的是新技术、新材料、新工艺，在国家现行的标准、规范中未规定质量要求。因此，在这类工法中，质量要求应注明依据的是国际通用标准，国外标准，还是某个科研机构、某个生产厂家、企业的标准，使工法应用单位能够明确本工法的质量要求，使质量控制有参照依据。

2.8 安全措施

说明在工法实施中，依据国家地方、行业现行有关安全规定所制定的安全和预警措施，内容要针对其工法的特点来编写。

常见误区：安全措施不周全，例如缺少"季节性的施工安全措施"，还有就是套话、空话太多，没有针对工法特点，缺少实质性的内容。

2.9 环保措施

说明实施本工法应重点遵照的环境保护及控制各种污染的指标及防范措施，必要的环保监测和在文明施工中应注意的事项，所对应的经济合理的能源消耗指标及可行的节能减排建议；特别是应符合当前国家政策，以四节一环保、绿色建筑施工为重点，强调文明施工，说明工程的环保监测、措施及效果。

常见误区：环保措施不全面，基本上都只写了文明施工。

2.10 效益分析

包括经济效益、社会效益、环保效益、质量效益等，在编写中要实事求是，根据工法特点编写。从该工法在应用中的工程实践效果（工时、物料的消耗及真实成本数据）与传统施工方法或同类工法对比，综合分析说明其先进性。采用本工法对工程质量、工期的确保、成本及环保、节能等指标的有效性综合分析比较，对工

法取得的经济效益和社会效益作出客观的评价。效益分析要能和应用实例相呼应，尽可能提供一些参考数据。

常见误区：效益分析太片面。工法之所以要推广是因为技术先进，有可观的经济效益和社会效益，然而在工法的效益分析中往往只注意成本效益的分析而忽略了工期效益，质量效益等的分析。其实有些工法要推广的技术前期成本投入并不低，然而他带来的工期效益、质量效益、安全效益、环保效益等综合效益却很高。因此我们不能认为前期成本投入过高的工法就不是一篇好工法，更加不能认为这类高技术含量的工法，在效益分析上没有可比性，这样会走入效益分析片面性的一个误区。

2.11 应用实例

说明应用本工法具有代表性的工程项目名称、地点、开竣工日期、实物工程量和应用情况和效果以及存在的问题。可以采用列表的形式。一项成熟的工法的形成一般须有 3 个工程的应用实例〔一般省（部）级工法要求为两个或以上，已成为成熟的先进工法，因特殊情况未能及时推广的可适当放宽〕。

常见误区：应用实例描述针对性差，很多都只是大篇幅地写了工程概况。写工法实例的目的，是用来证明本工法的优越性、独特性。因此，在撰写时除对工程本身的特点、难点做必要的介绍外，应把重点放在如何使用本工法解决了这些难题。前言中列出了这些问题，只是简单扼要的点到，工程实例中则要比较详细地说明如何来解决这些问题，具体效果如何。

3 工法文本语言结构应注意的事项

（1）采用科技词汇，使用无人称的叙事方式，避免口语化方言，名词、术语、物理量代号必须正确（规范）；所用的专用名词和术语应前后一致，切忌任意编造和使用自己杜撰的不规范词语。

（2）数据真实准确，不含糊，不作假，数值的表达应符合有关规定。在工程施工过程中，要注意原始数据的收集和整理，对施工中发生的重要问题要做好记录。在工法的编制过程中，对收集到的资料要认真研究分析，以发掘其内在规律性，通过研究分析，把实践中获得的信息提升到一个新的高度；要使用法定计量单位制，并以规定的符号表达量值，要保持上下文的一致。

（3）图表与文字叙述要相互配合避免重复。图表应作为文字的补充紧跟在文字之后，表格应主题集中，内容简洁以提供统计、对比与分析价值为主。每个图表都应有编号、名称，图的编号、名称应列在图下居中位置，表的编号、名称应列在表上居中位置，图表内所列数据务必核对无误，数据之间不能相互矛盾。

（4）叙述层次按章、节、条、款、项的顺序依次排列，要严格按照国家工程建设标准的格式进行编排。

4 结语

工法文本是工法的载体和主要的表现形式，工法文本的编制在内容组成和语言结构上都有着严格的规范。因此，正确理解工法的内涵和编制工法的要点对于工法的编写者非常重要。对于工法的开发单位来说，加强工法文本的编制也是做好工法开发最基础、最重要的工作。工法文本的形成并不只是一个简单的编制过程，而是工法开发过程中的创造性工作，是工程技术和管理创新相结合的完美结晶，应当把编制工法文本作为科研成果来对待，把工法开发当作一项科研项目来实施，从而促进企业的技术积累，推动企业的技术进步。

浅谈公路工程施工组织设计编写
与管理要点

李振收/中国电建市政建设集团有限公司

【摘　要】 本文对公路工程施工组织设计的概念和现状做了简要论述，结合行业情况阐述了公路工程施工组织设计的编写与管理要点及存在的问题，对于广大技术人员编制施工组织设计具有一定的借鉴与指导作用。

【关键词】 公路工程　施工组织设计　编写　管理要点

1　引言

公路工程施工组织设计是以公路工程为编制对象，用以指导施工的技术、经济和管理的综合性文件。施工组织设计不仅是准备、组织、指导施工和编制施工作业计划的基本依据，也是对整个建设活动实行全面有效管理的基础。编制施工组织设计是施工前准备工作的一项重要内容，从项目实施开始就发挥着为工程施工的前期准备、施工预算编制、施工作业、项目管理、施工过程控制以及资源配置等的指导作用，对施工活动内部各环节的相互关系与外部间的联系、确保施工秩序正常进行、进而优质、高效、按时、低耗地完成工程施工任务起着决定性的作用。

公路是带状结构物，工程数量分布不均匀，施工流动性大，临时工程多；施工作业线性分布，施工组织与管理的工作量大。随着公路工程规模越来越大，施工组织设计编制的重要性日益凸显。

2　施工组织设计现状与存在的不足

为保证施工组织设计编制的科学化、规范化，提高编制的质量，住建部、水利部、国家能源局、国家发展和改革委员会、铁路总公司等相继发布了相关的施工组织设计规范。但有关公路工程施工组织设计规范一直没有对外发布，使公路工程施工组织设计在具体实施中只能参照其他规范进行编写。

中国电建市政建设集团有限公司（以下简称公司），具有公路工程施工总承包一级资质。截至2017年年底，公司在非洲实施建设了近百个标段的公路工程项目，修建的高等级公路超过了4000km，已成为境外公路建设的一支劲旅。

随着公司在非洲建设的公路项目的增多，也暴露出我们在公路工程施工组织设计上存在的不足，如不引起我们的高度重视，势必影响公司在后续非洲公路建设市场的开拓。目前，公司在公路工程施工组织设计方面存在的不足主要有：

（1）编制的公路施工组织设计质量不高，存在粗制滥造现象，部分项目还存在编写格式不规范，抓不住项目重难点。

（2）对施工组织设计编制重视不够，存在技术人员包揽的现象，没有凝聚项目管理人员的集体智慧，编制出的施工组织设计针对性不强，难以正确指导施工。

（3）前期技术准备不充分，对整个项目认识不够深入，不能根据工程特点和要求结合现场条件从技术和经济效益上遴选出最优方案，不能使技术上的可行性同经济效益上的合理性有效的统一起来。

（4）编制人员理论缺乏，经验不足，编制手段落后，将施工组织设计写成"八股文"，无创意；文字论述多，图表少，难以形象表述。

（5）项目部重视程度不够，导致工程已经开工，施工组织设计尚未完成编制审批工作。

3　施工组织设计编写

3.1　基本内容

一般施工组织设计应包括编制依据、工程概况、施工部署、施工进度计划、施工准备与资源配置计划、主要施工方法、施工现场平面布置及主要施工管理计划等基本内容。

根据以上基本内容，在施工组织设计的编写中，不同的行业结合行业特点制定的规范在编制内容上略有差别。《水电工程施工组织设计规范》（DL/T 5397—2007）增加施工导流、料源选择与料场开采、施工交通运输、施工工厂设施等内容。《铁路工程施工组织设计规范》（QCR 9004—2018）增加临时工程、过渡工程及取弃土场设置方案、控制工程及重难点工程的施工方案、信息化、进一步研究解决的问题及建议等内容。《光伏发电工程施工组织设计规范》（GB/T 50795—2012）增加施工交通运输等内容。

3.2 编制原则

施工组织设计编写原则，应以保证工程质量和安全为前提，以优化工期、资源配置和投资效益为目标，结合工程实际，对资源合理组织，统筹安排施工进度，统筹布置施工现场，确保重难点工程，保质保量按期完工。

3.3 注意事项

应做好前期技术准备工作，如研究合同条款、技术规范、施工图纸；参加业主组织的设计交底、图纸会审、现场交桩、控制测量、沿线踏勘以及试验设备、拌和站计量设备标定和原材料检测及混凝土配合比设计等工作。

要结合工程项目特点，集中力量解决施工中的主要矛盾，认真细致地安排工程项目的施工次序。解决各项工程的施工先后顺序和相互搭接，合理调整施工次序来保证重点工程施工。在具体实施中，要留有余地，便于调整。公路工程影响施工因素较多，偶然性因素影响大；在执行过程中会出现无法预见的问题，要及时对施工组织设计进行补充、修改、调整，以确保进度计划的实现。

3.4 编写的具体内容及要求

公路工程施工组织设计的编制依据、工程概况内容相对简单，不作赘述，在此仅对施工部署、施工总进度计划、施工准备与资源配置计划、主要施工方法、施工现场平面布置等作一阐述。

3.4.1 施工部署

不谋全局者，无以某局部。施工部署是纲领性内容，是对整个工程项目施工的全局所做的统筹规划和安排，目的是解决影响全部施工活动的重大战略问题。

工程目标：主要工程目标应依据合同约定，结合企业实际情况确定，包括质量、安全、环保及文明施工等目标。目标要量化，内容要实，避免口号式目标。

总体组织安排：宜采用项目管理组织机构图体现，常见的组织形式有直线型、职能式及矩阵式三种，不同的组织形式对项目部的设置不同。

总体施工安排：划分施工任务，确定施工顺序、空间组织，对施工作业的衔接等。要分清主次，保证重点，统筹安排各类工程项目施工，实现施工的连续性和均衡性。要优先安排工程量大，结构复杂，施工难度大和工期长的主体工程；辅助工程作为平衡施工的项目穿插在施工过程中。

3.4.2 施工总进度计划

施工总进度计划作为编制年、季、月施工作业计划的总纲，是平衡劳动力的基础，是编制物资供应、设备调度、资金使用等计划的依据。

对各项工程的施工时间和施工顺序作出具体安排，力求以最少的人工、机械和物资消耗，保证在规定工期内完成质量合格的工程。施工进度计划编制，需确定各个施工过程的顺序、持续时间、各施工项目相互衔接和穿插的关系以及专业施工队之间的配合、调动和安排。

编制施工总进度计划，应充分考虑气候、节假日等造成的停工时间，还要考虑必要的准备时间以及必需的外部协调时间，还需考虑施工的季节性。桥梁基础施工应避开汛期，沥青路面及水泥混凝土应尽量避免冬季施工，路面结构层应尽量安排在旱季施工。

要结合实际合理安排施工周期，按照项目合理建设程序，工程施工做到分期分批进行。要有效削减高峰期的工作量，避免施工过分集中和劳力、机械、材料的大进大出。要均衡安排施工进度，确保工程施工按计划、有节奏地进行。

3.4.3 施工准备与资源配置计划

总体资源配置主要包括劳动力需求计划、主要建筑材料计划、主要施工设备需求量计划等。要根据施工进度计划，计算出月施工强度并确定主要资源配置计划。公路工程土方施工量大，首先要根据施工强度确定关键设备（挖掘机）台数，并根据土方运距，考虑自卸车台数，确保关键设备不闲置，使设备发挥其最大工效。

3.4.4 总平面布置

总平面布置的原则为：方便、经济、高效、安全、环保、节能。施工平面图是整个拟建项目施工场地的总体规划布置图，是加强施工管理、指导现场文明施工的重要依据，用于正确处理整个项目所需的各种设施、管理机构、永久性建筑物之间的空间位置关系。

项目营地应选在地质良好地段，不得在易发生地质灾害（如滑坡、泥石流、崩塌、落石、洪水、雪崩等）的危险区域，生产区、生活区、办公区应分开设置，距离集中爆破区应不小于500m。加油站离其他设施距离不应小于50m，临时用房、临时设施的布置需满足防火、灭火及人员安全疏散的要求，防火间距应符合《建设工程施工现场消防安全技术规范》（GB 50720—2011）的相关要求。

3.4.5 主要施工管理计划

主要施工管理计划主要包括：进度保证措施、质量保证措施、职业健康安全管理措施、环境保护及文明施工管理措施、季节性施工保证措施（冬季、雨季、高温、台风等），成本管理措施、沟通协调措施等。主要施工管理计划编制可参照其他施工组织设计规范，编制的施工管理计划要具有可操作性、指导性。

4 施工组织设计管理

施工组织设计管理主要有：日常管理、动态管理。

4.1 日常管理

日常管理中，要建立施工组织设计编制、审批台账，要按照审批权限，催促工程参建单位及时上报施工组织设计资料。针对工程项目的技术问题，要成立专业技术专家委员会，负责对工程项目施工组织设计进行评审，从而规避项目的技术风险和履约风险。

4.2 动态管理

工程开工后，编制的施工组织设计常会发生与施工实际情况不相符的情况，应对施工组织设计的执行情况进行检查、分析并适时调整，具备条件的施工企业可采用信息化手段进行动态管理。

参照《建筑施工组织设计规范》（GB/T 50502—2014），当出现如下情况时，需要对施工组织设计进行以下修改或补充：

（1）当工程设计图纸发生重大修改时，如桥梁基础或道路结构的形式发生大的调整。

（2）有关的法律、法规、规范和标准有了新的变化，内容涉及工程的实施、检查或验收。

（3）主客观条件变化，施工方法有重大变更，原来的施工组织设计已不能正确指导施工。

（4）施工资源配置有重大变更，影响到施工方法或对施工进度、质量、安全、环境、造价等造成潜在的重大影响。

（5）施工环境发生重大改变，如施工延期造成季节性施工方法变化，施工场地变化造成现场布置和施工方法改变等，原来的施工组织设计已不能正确指导施工。

经修改或补充的施工组织设计应按审批权限重新履行审批程序。施工前应进行施工组织设计交底，交底可分层次、分阶段进行；交底的层次、阶段及形式应根据工程的规模、施工的复杂、难易程度及施工人员的素质确定。

5 结语

施工组织设计是施工活动实行科学管理的重要手段，具有战术安排和战略部署的双重作用，是指导施工的纲领性文件，同时也是展示公司综合实力的外在载体。要不断提升施工组织设计编制质量，避免施工组织设计编制流于形式、施工方案制定与现场实施两张皮现象。

征 稿 启 事

各网员单位、联络员：

广大热心作者、读者：

《水利水电施工》是全国水利水电施工技术信息网的网刊，是全国水利水电施工行业内刊载水利水电工程施工前沿技术、创新科技成果、科技情报资讯和工程建设管理经验的综合性技术刊物。本刊宗旨是：总结水利水电工程前沿施工技术，推广应用创新科技成果，促进科技情报交流，推动中国水电施工技术和品牌走向世界。《水利水电施工》编辑部于2008年1月从宜昌迁入北京后，由全国水利水电施工技术信息网和中国电力建设集团有限公司联合主办，并在北京以双月刊出版、发行。截至2018年年底，已累计发行66期（其中正刊44期，增刊和专辑22期）。

自2009年以来，本刊发行数量已增至2000册，发行和交流范围现已扩大到120个单位，深受行业内广大工程技术人员特别是青年工程技术人员的欢迎和有关部门的认可。为进一步增强刊物的学术性、可读性、价值性，自2017年起，对刊物进行了版式调整，由杂志型调整为丛书型。调整后的刊物继承和保留了原刊物国际流行大16开本，每辑刊载精美彩页6～12页，内文黑白印刷的原貌。本刊真诚欢迎广大读者、作者踊跃投稿；真诚欢迎企业管理人员、行业内知名专家和高级工程技术人员撰写文章，深度解析企业经营与项目管理方略、介绍水利水电前沿施工技术和创新科技成果，同时也热烈欢迎各网员单位、联络员积极为本刊组织和选送优质稿件。

投稿要求和注意事项如下：

（1）文章标题力求简洁、题意确切，言简意赅，字数不超过20字。标题下列作者姓名与所在单位名称。

（2）文章篇幅一般以3000～5000字为宜（特殊情况除外）。论文需论点明确，逻辑严密，文字精练，数据准确；论文内容不得涉及国家秘密或泄露企业商业秘密，文责自负。

（3）文章应附150字以内的摘要，3～5个关键词。

（4）正文采用西式体例，即例"1""1.1""1.1.1"，并一律左顶格。如文章层次较多，在"1.1.1"下，条目内容可依次用"（1）""①"连续编号。

（5）正文采用宋体、五号字、Word文档录入，1.5倍行距，单栏排版。

（6）文章须采用法定计量单位，并符合国家标准《量和单位》的相关规定。

（7）图、表设置应简明、清晰，每篇文章以不超过5幅插图为宜。插图用CAD绘制时，要求线条、文字清楚，图中单位、数字标注规范。

（8）来稿请注明作者姓名、职称、职务、工作单位、邮政编码、联系电话、电子邮箱等信息。

（9）本刊发表的文章均被录入《中国知识资源总库》和《中文科技期刊数据库》。文章一经采用严禁他投或重复投稿。为此，《水利水电施工》编委会办公室慎重敬告作者：为强化对学术不端行为的抑制，中国学术期刊（光盘版）电子杂志社设立了"学术不端文献检测中心"。该中心将采用"学术不端文献检测系统"（简称AMLC）对本刊发表的科技论文和有关文献资料进行全文比对检测。凡未能通过该系统检测的文章，录入《中国知识资源总库》的资格将被自动取消；作者除文责自负、承担与之相关联的民事责任外，还应在本刊载文向社会公众致歉。

（10）发表在企业内部刊物上的优秀文章，欢迎推荐本刊选用。

（11）来稿一经录用，即按2008年国家制定的标准支付稿酬（稿酬只发放到各单位，原则上不直接面对作者，非网员单位作者不支付稿酬）。

来稿请按以下地址和方式联系。

联系地址：北京市海淀区车公庄西路22号A座
投稿单位：《水利水电施工》编委会办公室
邮编：100048
编委会办公室：杜永昌
联系电话：010-58368849
E-mail：kanwu201506@powerchina.cn

全国水利水电施工技术信息网秘书处
《水利水电施工》编委会办公室
2019年3月30日